环境规制、社会规范与畜禽规模养殖户清洁生产行为研究

曾杨梅 著

Environmental Regulation, Social Norm and Scale Breeding Farmers' Cleaner Production Behaviors

中国财经出版传媒集团
经济科学出版社
Economic Science Press

图书在版编目（CIP）数据

环境规制、社会规范与畜禽规模养殖户清洁生产行为研究/曾杨梅著. --北京：经济科学出版社，2022. 11
ISBN 978 -7 -5218 -4209 -8

Ⅰ.①环… Ⅱ.①曾… Ⅲ.①畜禽-规模饲养-无污染工艺-研究 Ⅳ.①S815

中国版本图书馆 CIP 数据核字（2022）第 207683 号

责任编辑：杨 洋 赵 岩
责任校对：李 建
责任印制：范 艳

环境规制、社会规范与畜禽规模养殖户清洁生产行为研究
曾杨梅 著
经济科学出版社出版、发行 新华书店经销
社址：北京市海淀区阜成路甲 28 号 邮编：100142
总编部电话：010 -88191217 发行部电话：010 -88191522
网址：www. esp. com. cn
电子邮箱：esp@ esp. com. cn
天猫网店：经济科学出版社旗舰店
网址：http：//jjkxcbs. tmall. com
北京季蜂印刷有限公司印装
710 ×1000 16 开 14 印张 210000 字
2023 年 4 月第 1 版 2023 年 4 月第 1 次印刷
ISBN 978 -7 -5218 -4209 -8 定价：55. 00 元
（图书出现印装问题，本社负责调换。电话：010 -88191545）

前　言

近年来，我国畜禽养殖朝规模化、集约化方向快速发展的同时，也面临着资源浪费和环境污染等问题。由此，加大对源头减量、过程控制以及末端资源循环利用等生产模式的推广，推进畜禽养殖清洁生产发展，对促进现代畜牧业绿色转型、确保国家畜产品安全具有重要意义。

在当前国家环境政策日益趋紧、公众绿色意识日益增强的现实背景下，环境规制、社会规范在畜禽养殖清洁生产过程中的重要作用日渐凸显。一方面，政府监督、激励养殖户相关行为的环境规制措施，会对养殖户清洁生产行为产生影响；另一方面，社会规范作为一种“软约束”，同样会影响规模养殖户的生产意愿和行为决策。事实上，环境规制和社会规范往往同时存在于农村社会，厘清并分析其现状及其对规模养殖户清洁生产的影响，有助于为畜禽养殖产业绿色转型的相关政策制定提供科学依据。学术界既有研究大多关注环境规制或社会规范的单一指标对规模养殖户相关行为的影响，鲜有学者剥离和剖析环境规制、社会规范对规模养殖户清洁生产行为强度以及行为的家庭经济效应和个人幸福感效应的影响，从而降低了分析的系统性和全面性。那么，环境规制、社会规范对规模养殖户畜禽养殖清洁生产行为决策的影响究竟如何？对规模养殖户不同类型清洁生产行为的家庭经济效应和幸福感心理效应的影响如何？不同环境规制和社会规范强度下，规模养殖户不同类型清洁生产行为的家庭经济水平和幸福感心理水平是否存在差异？对这些问题的分析与解答，有利于系统地深入了解影响我国农村地区畜禽规模养殖清洁生产行为的关键因子，从而为推进我国农村地区畜禽规模养殖清洁生产发展政策的实施提供依据。

鉴于畜禽清洁养殖环节较多和按照有限目标的原则，本书以生猪规模养殖户为研究对象，瞄准畜禽养殖清洁生产末端利用这一重要环节，在系统梳理国内外相关研究的基础上，利用湖北省9市（区）实地调研数据，深入分析了样本区畜禽养殖的发展现状和规模养殖户清洁生产的现实情形，构建了环境规制、社会规范的指标体系并运用主成分分析法进行测度，运用多种数理模型与方法，实证分析了环境规制、社会规范对生猪规模养殖户清洁生产行为意愿、粪污清洁处理行为水平（包括实际行为和行为强度）以及粪污清洁处理行为的家庭经济效应和幸福感心理效应的影响。

本书各部分的章节布局如下：第一部分（第1、第2章）主要论述研究背景，介绍研究内容，构建研究理论。第二部分（第3、第4章）主要介绍我国畜禽养殖清洁生产发展的历史沿革和趋势，分析样本区畜禽养殖清洁生产推广和养殖户参与现状，构建并测度环境规制和社会规范细分指标。第三部分（第5、第6、第7章）为实证分析章节。该部分利用湖北省生猪规模养殖户调研数据，实证分析环境规制、社会规范对生猪规模养殖户清洁生产行为意愿、粪污清洁处理行为水平（包括实际行为和行为强度）以及粪污清洁处理行为的家庭人均年收入经济效应和幸福感心理效应的影响，并考察了不同特征规模养殖户组间影响差异。第四部分（第8章）基于研究结论，提出对策建议。

本书的主要结论如下所示：

（1）大多数规模养殖户愿意采用粪污制沼气、制有机肥、制饲料和种养结合技术；实际将畜禽粪污直接还田、制沼气处理的规模养殖户较多，而将粪污制有机肥、制饲料、制培养基、出售卖钱处理的规模养殖户较少；部分规模养殖户的清洁生产行为强度有待提高。当前样本区规模养殖户清洁生产行为的政策约束较弱，清洁生产技术的推广力度不够，规模养殖户对清洁生产的认知较低且实际参与有限，畜禽养殖清洁生产的社会约束不足。

（2）样本区环境规制和社会规范的整体水平较高。细分指标中，监督型环境规制水平高于激励型环境规制水平，社会责任规范水平高于个人道德规范、公众认可规范和群体行为规范。与不愿意采用的规模养殖户相比，愿意采用粪污制有机肥、制沼气、制饲料、种养结合技术规模养殖户的环境规制和社会规范水平均较高。规模养殖户粪污清洁处理行为强度越大，其监督型环境规制、个人道德规范、社会责任规范和公众认可规范水平均越高。

（3）通过对细分指标的分析发现，激励型环境规制、社会责任规范均显著正向影响规模养殖户粪污制沼气、制有机肥、制饲料和种养结合技术的采用意愿；监督型环境规制仅显著正向影响规模养殖户粪污制饲料的采用意愿；个人道德规范对规模养殖户粪污制沼气、制有机肥和种养结合技术的采用意愿均有显著的正向影响；公众认可规范和群体行为规范均显著正向影响规模养殖户对粪污制有机肥、制饲料的采用意愿，且公众认可规范还显著正向影响规模养殖户对种养结合技术的采用意愿。环境规制各指标、社会规范各指标对不同特征规模养殖户四类清洁生产技术采用意愿的影响存在显著差异。

（4）规模养殖户对粪污丢弃、直接还田、制沼气等七类处理方式的行为选择之间具有相关关系，且七类粪污处理行为选择受环境规制各指标、社会规范各指标的影响不一。规模养殖户粪污清洁处理行为强度显著受激励型环境规制、监督型环境规制、群体行为规范的正向影响；异质性分析发现，相较于高教育水平组不受影响，低教育水平组规模养殖户的清洁处理行为强度显著受监督型环境规制的正向影响；区别于低风险组不受影响，高风险组规模养殖户的清洁处理行为强度显著受个人道德规范的正向影响；相较于小规模组不受影响，群体行为规范显著正向影响中大规模组规模养殖户的清洁处理行为强度，但与中大规模组相比，小规模组清洁处理行为强度受激励型环境规制的影响更甚。

（5）环境规制、社会规范并不显著影响规模养殖户高清洁处理行为的家庭人均年收入水平，但均显著正向影响其幸福感心理水平。在考虑环境规制、社会规范的条件下，粪污高清洁处理规模养殖户若对粪污低清洁处理，其家庭人均年收入水平和个人主观幸福感均会有不同程度的下降。分组估计结果表明，环境规制和社会规范强度越小，规模养殖户粪污高清洁处理的家庭人均年收入和幸福感效应均越大。

基于以上结论，本书认为政府应加大对畜禽养殖清洁生产的宣传力度，完善清洁生产技术推广机制，提高规模养殖户清洁生产认知水平和清洁生产能力；应根据规模养殖户个体、家庭和养殖特征差异，制定并实施恰当的激励型或监督型环境规制政策，以提高规模养殖户清洁生产行为的经济和幸福感水平；应积极搭建社会舆论监督平台和清洁生产示范平台，增强他人在言行方面对规模养殖户清洁生产的软约束；应加强对规模养殖户社会责任感和个人道德感的培育，充分发挥社会责任规范和个人道德规范对规模养殖户清洁生产行为的引导作用。

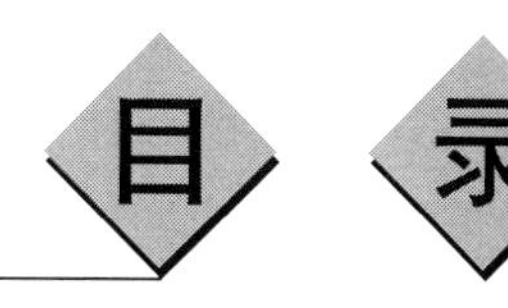

目 录

CONTENTS

第 1 章

绪　论

1.1　研究背景

我国是世界上畜禽养殖大国之一，肉类生产总量和消费量均位于世界前列。据2020年《中国农村统计年鉴》相关数据显示，2019年我国肉类总产量高达0.776亿吨，远高于世界其他国家的肉类总产量（中华人民共和国国家统计局，2020）；在肉类消费方面，我国肉类消费量为世界肉类消费量的1/4（程广燕等，2015）。畜禽养殖是我国农业中的支柱产业，关系着我国居民生活水平的提高以及农业、经济和社会的发展（朱哲毅等，2016）。而在我国畜禽养殖业中，生猪养殖位于举足轻重的地位（王春蕾，2014；宋冬林和谢文帅，2020）。我国自古就有“猪为六畜首，农乃百业基”以及“粮猪安天下”等强调生猪养殖重要性的传统文化（价格司，2010）。目前，从生产方面来看，相关统计资料显示，2019年我国猪肉总产值为13207.2亿元，约占同年牧业总产值33064.3亿元的40%（中华人民共和国国家统计局，2020）。从消费方面来看，我国城镇、乡村居民的猪肉消费量在肉类消费总量中均占绝对优势，其中，2018年城镇、乡村居民的猪肉消费量分别占肉类消费总量的72.76%、83.64%（韩磊，2020）。

21 世纪以来，伴随着我国经济的快速发展以及农业综合生产能力的不断增强，以生猪养殖为代表的我国畜牧业也得到了迅速发展（赵俊伟等，2019）。随着我国资源与环境政策约束趋紧以及人们对肉类产品消费的增加，以生猪养殖为代表的畜禽养殖朝着集约化、规模化方向发展。2018 年《中国畜牧业年鉴》相关数据显示，2017 年，全国生猪年出栏量≥50 头规模养殖户在生猪养殖户中的占比约为 2002 年的 5.47 倍（中国畜牧业年鉴，2018）。

然而，不容忽视的是，生猪畜禽养殖朝规模化和集约化方向快速发展的同时，其引起的环境污染和养殖废弃物资源浪费问题日益凸显（Herrero et al.，2016；田文勇等，2019）。据《人民日报》（2017）报道，我国年均畜禽养殖粪污产量高达 38 亿吨，约 2/5 的畜禽粪污被弃置；统计数据也显示，2010 年，我国畜禽养殖氨氮排放量为 65 万吨，占全国氨氮排放量总量的 1/4，畜禽养殖是农业面源污染的重要来源（中华人民共和国农业农村部，2013）。既有研究表明，畜禽规模养殖户对畜禽养殖粪污不当处理会造成环境污染（仇焕广等，2012）；规模化程度越高，畜禽养殖粪污环保处理的资金投入越大，且环保处理配套设施和配套耕地的需求越大，而许多规模养殖户由于资金和设施等有限，将大量未经处理的畜禽粪污直接排入环境（黄季焜和刘莹，2010），严重污染土壤、水源、空气，威胁人类健康（曹晓等，2020；段丽杰和田博，2020），甚至污染农作物，威胁食品安全（Hodge，2010；孔凡斌等，2018；何家强和夏开庆，2018）。在这样的形势下，发展畜禽养殖清洁生产，推进畜禽规模养殖绿色健康发展，已然是大势所趋。

畜禽养殖清洁生产是一种可以实现收益和环境双赢的新型畜禽养殖发展模式（张园园等，2019）。近年来，我国政府日益重视该模式在农村地区的推广和发展，先后颁布了一系列文件，以规范养殖污染防治标准和畜禽养殖技术标准，推进畜禽粪污再利用等工作的实施。例如，2017 年中央一号文件《关于深入推进农业供给侧结构性改革 加快培育农业农村发展新动能的若干意见》明确指出，要“推进农业清洁生产”和“推行高效生态循环的种养模式”；2018 年的中央一号文件《关于实施乡村振兴战略的意见》也提出，应“实现投入品减量化、生产清洁化、废弃物资源化、产业模式生态化”。伴随着国家政府对畜禽养殖清洁生产的重视，学术界对畜禽养殖清洁生产的研究也日益丰富。有学者指出，畜禽养殖清洁生产不仅要做好养殖生产后畜禽粪污废弃物的再利用和环保处理（熊文强和王新杰，2009），还应在养殖生产前和生产过程中做好清洁生产工作，以减少污染物的产生（吕文魁等，2013）；还有学者发现，种养结合等清洁生产发展模式是积极有效的环保发展战略，能够使高达60%的畜禽粪污得到有效利用，进而有效减少高达75%废弃物的排放（车宗贤等，2011）。

然而，与国家相关部门和学术界对畜禽养殖清洁生产日益关注相悖的是，农村地区畜禽养殖清洁生产的相关技术推广不尽如人意。为此，不少国内外学者针对养殖户清洁生产行为或意愿的影响因素展开研究，认为个人特征（刘雪芬等，2013）、家庭特征（邬兰娅，2020）、养殖特征（McAuliffe et al. ，2017；王善高等，2019）等是重要的影响因素；由于经济激励（Innes，2013；朱哲毅等，2016）或相关处罚等政府政策不完善（Petit and Werf，2003；于连超等，2020）、清洁生产成本相对较高（王会和王奇，2011）以及养殖户自身认知较低（周力和薛荦绮，2014；Gebrezgabher et al. , 2015）等因素的综合影响，目前养殖户对清洁生产相关技术采用率和采用意愿均较低（朱宁，2014；Li et al. , 2021）。综合而言，在研究主题上，目前学者们多探讨规模养殖户清洁生产行为意愿或行为选择，忽视了对规模养殖户相关清洁生产行为强度以及行为的家庭经济效应和个人幸福感效应的考察，进而造成现有研究缺乏系统性和全面性。不仅如此，在影响因素研究方面，不少学者忽视了环境规制、社会规范在养殖户清洁生产技术采用意愿和行为中的作用。事实上，在国家政策大力支持和社会公众的环保意识不断提高的背景下，加之我国农村“半熟人”社会的特性，环境规制、社会规范无疑日益影响着规模养殖户对相关畜禽养殖清洁生产技术的采用。一方面，作为我国政府监督、激励畜禽养殖清洁生产在农村地区推广和实施的主要工具（杨皓天和马骥，2020），环境规制势必对规模养殖户畜禽养殖清洁生产行为有所干预和控制，影响规模养殖户的相关经济水平和幸福感心理水平。另一方面，作为农村地区亲缘、地缘、血缘等形成的独特的社会规范（纪芳，2020），对个人言行具有软约束力，受这一因素的影响，规模养殖户无疑会调整畜禽养殖清洁生产意愿和行为决策，进而影响其收益和产出。但是，目前少有研究将这两种影响因素纳入同一分析框架开展研究，并且即使部分研究考虑了这两个因素的影响，也仅止步于探究环境规制或社会规范对养殖户清洁生产行为的影响，忽视了环境规制、社会规范对规模养殖户清洁生产行为强度以及行为的家庭经济效应和个人幸福感效应的影响。

那么，伴随着国家相关政策日益趋紧和公民环保意识日益增强，规模养殖户畜禽养殖清洁生产行为意愿——行为水平（包括实际行为与行为强度）——行为的家庭经济效应和个人幸福感效应如何？规模养殖户畜禽养殖清洁生产行为意愿、行为水平（包括实际行为和行为强度）是否受环境规制、社会规范的影响？规模养殖户清洁生产行为的家庭经济效应和个人幸福感心理效应是否受环境规制、社会规范的影响？对诸如此类问题的理性回答，不仅有助于公众更加深入地了解影响规模养殖户畜禽养殖清洁生产的关键因素，还有利于国家相关政策的制定和实施，也对进一步规制、引导并促进规模养殖户的畜禽养殖清洁生产行为具有重要的指导、借鉴和现实意义。

湖北省是我国生猪养殖大省，为响应国家政策，近年来大力推行畜禽养殖清洁生产技术。以湖北省的生猪规模养殖户为研究对象具有典型性和代表性。鉴于此，本书拟以湖北省生猪规模养殖为例，基于农户行为理论、外部性等理论的分析和国内外相关研究的梳理，利用湖北省鄂东、鄂中和鄂西农村地区的实地调研数据，分析湖北省生猪规模养殖户清洁生产的现状；重点关注畜禽养殖末端粪污利用类清洁生产技术，合理运用多种统计分析方法，实证分析规模养殖户清洁生产行为意愿、行为水平（包括实际行为与行为强度）、行为的家庭经济效应和个人幸福感心理的影响因素，并通过构建环境规制、社会规范的指标体系，运用主成分分析法对各指标进行测度和解析，重点深入研究环境规制、社会规范对生猪规模养殖户清洁生产行为意愿、行为水平（包括实际行为与行为强度）、行为的家庭经济效应和个人幸福感心理效应的影响，以期为我国政府对相关政策措施的进一步优化和充分利用社会规范的积极引导、推动畜禽规模养殖清洁生产技术推广和实施提供材料支撑。

1.2 研究目的与意义

1.2.1 研究目的

在国家畜禽养殖清洁生产政策日益趋紧和公民环保意识日益增强的现实背景下，本研究拟利用湖北省鄂东、鄂中、鄂西九市（区）农村地区生猪规模养殖户的调研数据，分析湖北省规模养殖户清洁生产的现实情况；以畜禽养殖末端粪污利用类清洁生产技术为例，运用多种计量分析方法，并基于环境规制和社会规范的细分指标的构建与测度，实证考察环境规制、社会规范对生猪规模养殖户畜禽养殖清洁生产行为意愿、行为水平（包括实际行为、行为强度）以及行为的家庭人均年收入经济水平和个人幸福感心理水平的影响。

总体而言，本书的研究目的主要包括以下四个方面。

（1）构建并测度环境规制与社会规范的总指数及其各指标。在文献分析的基础上，依据科学的指标构建原则，构建环境规制、社会规范的指标体系；利用实地调研数据，运用主成分分析法，测度并验证环境规制与社会规范的总指数及其各指标，为后文实证分析内容的开展奠定基础。

（2）分析并揭示湖北省生猪规模养殖户清洁生产行为的现状。利用湖北省实地调查数据，结合规模养殖户清洁生产行为的内涵和外延，以畜禽养殖粪污资源利用类清洁生产技术为例，分析湖北省生猪规模养殖户清洁生产行为意愿、行为水平的现实情况，揭示当前畜禽养殖清洁生产推广中存在的现实问题。

（3）实证分析环境规制、社会规范对生猪规模养殖户清洁生产行为意愿、行为水平（包括实际行为与行为强度）、行为的家庭经济效应和个人幸福感心理效应的影响。基于农户行为理论、外部性等理论的分析，阐释环境规制、社会规范对生猪规模养殖户畜禽养殖清洁生产行为决策过程影响的内在逻辑关系；以畜禽养殖粪污资源利用类清洁生产技术为例，利用多种计量模型，实证考察环境规制、社会规范对生猪规模养殖户清洁生产的行为意愿、行为水平（包括实际行为与行为强度）、行为的家庭人均年收入经济效应和个人幸福感心理效应的影响。

（4）提出推动湖北省畜禽养殖清洁生产发展的对策和建议。基于实证分析结果和研究结论，提出推动湖北省畜禽养殖清洁生产发展的对策建议，也为我国畜禽规模养殖清洁生产支持性政策的实施提供材料支撑。

1.2.2 研究意义

本书的研究意义主要包括理论意义与实践意义。

1.2.2.1 理论意义

（1）为丰富、完善环境规制和社会规范的指标体系奠定基础。本书在文献分析的基础上，构建了环境规制和社会规范的指标体系，并利用主成分分析法，测度环境规制、社会规范的总指数及其各指标，这既有利于区别环境规制、社会规范的差异，更有利于相关研究进一步丰富和完善环境规制、社会规范的指标体系。

（2）揭示环境规制、社会规范对生猪规模养殖户畜禽养殖清洁生产行为意愿、行为水平（包括实际行为与行为强度）以及行为的家庭经济效应和个人幸福感心理效应的影响机理，有利于丰富绿色发展等理论。畜禽养殖清洁生产发展是绿色发展的题中之义，属于循环理念的内容。本书通过揭示环境规制、社会规范在生猪规模养殖户清洁生产行为意愿，行为水平、行为的家庭经济效应和幸福感心理效应的影响机理，有利于拓展畜禽养殖清洁生产的相关研究内容，这也在一定程度上丰富了绿色发展等理论。

1.2.2.2 实践意义

（1）有利于把握湖北省生猪规模养殖户清洁生产的行为现状，为进一步完善和实施相关政策措施提供资料支撑。规模养殖户是实践畜禽养殖清洁生产的重要主体，其相关行为现状却是相关部门政策制定和实施的参考依据。本书通过分析湖北省实地调研数据，明确目前生猪规模养殖户清洁生产行为现状和存在的问题，为相关部门全面了解生猪规模养殖户的清洁生产行为意愿、行为水平等提供了依据，也为制定畜禽养殖清洁生产的发展政策提供了材料支撑。

（2）有利于发掘规制、引导规模养殖户畜禽养殖清洁生产行为的有效路径，促进畜禽养殖清洁生产的推广和实施。规模养殖户作为社会人，其清洁生产行为理应受相关部门实施的一系列惩罚和激励措施的影响以及个人道德感、社会责任感、他人言行的约束。本书实证分析环境规制、社会规范对生猪规模养殖户畜禽养殖清洁生产行为决策过程的影响，可为确立恰当的激励或约束机制、合理引导社会规范推动生猪规模养殖户畜禽养殖清洁生产实践提供了有益经验。

1.3 国内外研究综述

综述现有研究，把握相关研究动态和不足是本研究开展实证分析的基础。为了了解已有研究成果，本章节首先归纳畜禽养殖清洁生产发展现状的相关研究；其次，概括畜禽养殖清洁生产的养殖户行为研究，主要对养殖户畜禽养殖清洁生产行为意愿、实际行为、行为效应以及促进行为发生的措施研究进行梳理；再次，综述促进畜禽养殖清洁生产发展的政策评估研究；最后，对已有研究成果进行评述。

1.3.1 国内外研究梳理

1.3.1.1 畜禽养殖清洁生产的发展研究

一直以来，畜禽养殖清洁生产被认为是实现养殖与环境、养殖与社会、养殖与生态协调发展的有效路径，受到了学术界的广泛关注。国内外学者基于清洁生产的定义，从不同方面概括了畜禽养殖清洁生产的内容，并探讨了其发展的必要性和发展现状。

1. 畜禽养殖清洁生产的定义研究

什么是畜禽养殖清洁生产？学术界最早基于清洁生产的定义而对畜禽养殖清洁生产的概念进行界定。清洁生产被认为是在产前、产中和产后的整个生产过程中采用污染预防和污染及时治理的策略以减少污染物的产生（Misra，1996；石磊和钱易，2002；熊文强和王新杰，2009）。清洁生产的定义最早应用于工业领域，且随着循环经济和可持续发展在农业方面的应用，清洁生产的概念被逐渐应用到农业领域以及畜禽养殖业领域（莫测辉等，2000；Kjaerheim，2005；张天柱，2006）。根据学者们对清洁生产概念的界定，畜禽养殖清洁生产被认为是将污染预防和治理贯穿于养殖生产前—生产中—生产后整个过程的一种可持续发展的畜禽养殖生产方式（李建华，2004；王忙生，2017），包括科学合理的饲养方式、环保饲料技术、粪污资源化利用技术、粪污无害化利用方式等（刘健等，2011；应瑞瑶等，2014）。

2. 畜禽养殖清洁生产的发展必要性研究

发展畜禽养殖清洁生产是可持续发展的必然要求，是循环经济理念实践的必然成果（孙东升，1999）。随着畜禽养殖朝集约化、规模化和专业化方向转变，推广畜禽养殖清洁生产已然是大势所趋。侯勇等（Hou et al.，2013）指出，畜禽养殖要想实现可持续发展，有必要转变过去的粗放型和先污染后治理的生产方式，走清洁生产的道路；萨顿（Sutton，1990）通过研究也指出，如果管理不当，畜禽养殖具有极大的环境负外部性，而且也不利于提高畜禽养殖的经济效益，因此应发展畜禽养殖清洁生产，实现经济效益和环境效益的“双丰收”。还有学者认为，清洁生产应该贯穿于社会的各个行业，尤其是农业和养殖业领域，应该发展低消耗、少污染、高效益的清洁生产模式（章玲，2001），且发展畜禽养殖清洁生产不仅可以改善资源约束趋紧的困境，还可以实现生态环境的保护，更能够促进整个社会和市场的发展（王文惠，2013）。

3. 畜禽养殖清洁生产的发展现状研究

在畜禽养殖清洁生产具有发展的必要性前提下，国内外学者就畜禽养殖清洁生产的发展现状展开了研究，并且国外研究主要概括相关清洁生产技术的应用程度，而国内研究则主要聚焦对畜禽养殖清洁生产发展中存在的问题进行概括和探讨。具体而言，国外研究层面，为推动畜禽养殖清洁生产的发展，美国相关企业为农场提供了大量的清洁生产技术，并从资金、项目和政策等方面对农场予以支持（Jaffe et al.，1995）；作为世界主要的养殖大国，荷兰早在20世纪90年代就开始关注畜禽养殖的污染排放问题，并采取一系列经济激励等措施，促进养殖户加强畜禽废弃物的防治，效果明显（Dowd et al.，2008）；为促进畜禽养殖与土壤等环境的协调发展，丹麦很早就开始注意养殖规模与养殖场占地面积之间的协调统一，既不影响养殖场的健康发展，又使得养殖场产生的粪肥与配套耕地农业生产相符（Willems et al.，2016）。国内研究层面，目前我国在推动畜禽养殖清洁生产的发展方面面临诸多难题，例如，补偿激励机制不完善且养殖与种植脱节（彭艳霞，2010）、污染防治设施不完善（胡竖煜等，2016）、养殖户畜禽养殖清洁生产意识不足（张辉和胡浩，2009）以及养殖的环保预警系统缺失（谷小科和杜红梅，2020；董金朋等，2021），还未形成一套成熟的畜禽养殖清洁生产技术体系，使得该模式的推广缓慢。并且，由于畜禽养殖污染具有排放污染大、污染防治过程复杂、固液废弃物较难剥离等特点，应用畜禽养殖清洁生产相关技术的成本较高，这也是畜禽养殖清洁生产模式推广的重要阻力（梁流涛等，2010）。

1.3.1.2 养殖户畜禽养殖清洁生产的行为研究

作为畜禽养殖清洁生产的实践主体，养殖户的畜禽养殖清洁生产行为受到了国内外学者的广泛关注，总体可知，相关研究主要包括养殖户畜禽养殖清洁生产的行为意愿研究、养殖户畜禽养殖清洁生产的实际行为研究、养殖户畜禽养殖清洁生产的行为效应研究三个方面。

1. 养殖户畜禽养殖清洁生产的行为意愿研究

鉴于推广畜禽养殖清洁生产存在困难，不少学者对养殖户畜禽养殖清洁生产的行为意愿展开了研究。针对养殖户清洁生产行为意愿的高低，诺伍德等（Norwood et al.，2005）通过研究发现，仅1/4的养殖户愿意付费采用粪污制肥料技术；而通过对湖南养殖户的调查发现，不到一半的受访者愿意实施标准化养殖场建设（武深树等，2009），相对而言，愿意实施防疫设施和粪污处理建设的受访者相对较高（王欢等，2019），这一发现与孔凡斌等（2016）对五省754个养殖户的研究结果相似。王克俭和张岳恒（2016）的研究结果表明，与防治污染带来的社会价值相比，受访者更愿意为防治污染引致的经济价值付费。针对养殖户清洁生产行为意愿的影响因素，学者们一致认为受教育水平、家庭储蓄、家庭劳动力等个人特征和家庭特点是影响养殖户污染防治意愿（徐新悦等，2019）、绿色饲料技术采用意愿（李海涛等，2019）的重要因素。不仅如此，农地面积等农业生产特点（张晖，2010）以及养殖规模等养殖特点（林武阳等，2014）是影响养殖户采用粪污无害化技术的关键因素。此外，养殖模式（孙世民等，2012）、风险偏好（林武阳等，2014）、个人认知情况（宾幕容等，2017）、家离河道距离（于潇等，2013）、政府激励和防污政策（于潇和郑逸芳，2013；潘亚茹等，2017）以及村委会对环保的宣传情况（郝义彬等，2017）均显著影响养殖户对清洁生产技术的采用意愿。

2. 养殖户畜禽养殖清洁生产的实际行为研究

国内外学者还对养殖户畜禽养殖清洁生产的实际行为进行了大量研究。针对养殖户清洁生产实际行为情况，于超（2019）的研究发现，几乎所有的受访养殖户（92.71%）都对猪舍消毒处理，而采用粪污制沼气的受访养殖户（51.30%）以及采用粪污制有机肥（20.03%）的受访养殖户均较少；饶静和张燕琴（2018）通过案例研究发现，与中规模养殖户相比，小规模养殖户和散户的粪污资源化利用水平较高；麦考利夫等（McAuliffe et al.，2016）通过对法国生猪养殖户的研究发现，超过一半的养殖户已与粮食种植户开展合作，实施粪污资源化技术。针对养殖户清洁生产行为的影响因素，研究发现，个人特征中的受教育水平（王桂霞和杨义凤，2017）、家庭特征中的收入水平（Thu et al.，2012）、种植特征中的种植面积（王桂霞和杨义风，2017）、养殖特征中的饲养规模（仇焕广等，2012）以及养殖地离家距离（吉小燕等，2015）、技术培训（沈鑫琪和乔娟，2019）以及成本收益情况（王芸娟和马骥，2020）均被认为是主要的影响因素。杨惠芳（2013）的研究表明，养殖户个人经济理性的特点阻碍了具有高成本特点的畜禽养殖清洁生产技术的推广。

另外，少部分学者还发现环境规制、社会规范是养殖户清洁生产技术的重要影响因素。例如，彭新宇（2007）、虞祎等（2012）和司瑞石等（2019）的研究均表明，以补贴政策为代表的环境规制显著影响养殖户采用清洁生产技术；也有学者发现，环境规制可以通过生产成本（Metcalfe，2000；Smith et al.，2006）、心理认知（林丽梅等，2018）、风险感知（张郁和江易华，2016）等的调节而影响养殖户的清洁生产行为。比较来看，仅有个别学者探讨了社会规范对养殖户清洁生产的影响。例如，达西尼等（Daxini et al.，2018）、李文欢和王桂霞（2019）的研究均发现，社会规范对养殖户采用粪污资源利用技术的影响受信任、个人规范等调节因素的影响。这些研究丰富了已有研究成果，但忽视了环境规制、社会规范的细分指标对养殖户清洁生产行为强度的影响，以及环境规制、社会规范对养殖户清洁生产行为家庭经济效应和幸福感效应的影响。

3. *养殖户畜禽养殖清洁生产的行为效应研究*

极少部分研究探讨了养殖户清洁生产行为的社会、经济、生态等效应。有研究通过对鸡蛋主产区的调查发现，养殖户的粪污清洁处理行为具有显著的鸡蛋产量效应，且养殖效率和养殖收益均有不同程度的提高（朱宁，2014）；也有研究利用成本收益方法，基于河南生猪养殖户的调查数据，发现养殖户对粪污的循环利用尽管导致了较高的生产成本，但收入效益更大，整体有利可图（陈菲菲等，2017），这一研究与闫振宇等（2019）的研究结果相似。孙超等（2017）的研究也指出，养殖户粪污替代化肥技术的采用，可以有效缓解化肥对土壤的污染，具有环境效应。塞斯等（Sáez et al.，2017）利用西班牙养殖户的调查数据，发现养殖户采用干清粪处理技术可以减少养殖污染物的排放，进而具有显著积极的环境效益，这一发现与朱宁和秦富（2015）对中国蛋鸡养殖户的研究结果一致。纳奇曼等（Nachman et al.，2005）的研究表明，对粪污的资源化利用可以缓解粪污引起的污染对人类健康造成的危害。

1.3.1.3 发展畜禽养殖清洁生产的相关政策研究

纵观国内外相关研究，不少学者针对发展畜禽养殖清洁生产的相关政策效果展开了研究。具体而言，国外研究层面，早在20世纪80年代，国外学者就对相关政策效果展开了评估。格里芬（Griffin，1982）和布罗姆利（Bromley，1986）通过模拟仿真方法，基于工业废水排放标准和排污收费政策的实施，模拟评估了废水排放标准和排污收费政策对畜禽养殖水污染治理效果的影响，发现这两个政策的实践均有可能增加粪污等养殖废弃物的排放成本，进而促进养殖户减少污染物排放，实现环境的改善；也有研究应用空间规划模型对粪污集中处理许可政策的效果进行评估，发现该政策可以从空间层面降低畜禽养殖污染物的排放（Straeten et al.，2011）；克洛特维克等（Klootwijk et al.，2016）和布玛（Bouma，2016）通过对荷兰的研究发现，新肥料标准政策的实施不仅可以降低养殖场污染物的产量，还可以提高养殖场的生产效率，降低地下水的污染程度。

国内研究层面，21世纪以来，我国政府对畜禽养殖污染问题日益关注，相继颁布一些政策以约束养殖户的行为，解决畜禽养殖的环境污染问题。但学者们对这些政策实施效果的研究并未得到一致结论。部分研究发现，控制规模养殖数量政策（刘毅，2004）、垃圾管理规章制度和沼气扶持政策（仇焕广等，2013）、无害化补贴政策等（吴丹，2011；李燕凌等，2014）均有利于降低畜禽养殖污染。但也有研究发现，由于沼气扶持等政策的制定和实施落实未因地制宜，部分地区大部分沼气被废弃，并未被养殖户采用，这一政策落实效果不尽如人意（王珏，2011；袁平和朱立志，2015）；不仅如此，由于部分政策的实践偏离了既定目标，这些政策的实施反而阻碍了养殖户对粪污资源化利用技术的采用（金书秦等，2018）。

1.3.2 国内外研究评价

系统归纳已有研究可知，学术界对畜禽养殖清洁生产的研究已有相当丰富的研究成果，研究内容涉及资源与环境、经济等多个领域，研究方法已囊括了实验法、计量统计方法等多种方法。然而，尽管这些研究为未来相关研究奠定了坚实的基础，也为本研究的展开提供了材料支撑，但仍然具有进一步深入研究的空间，主要包括以下三个方面：

一是缺少对规模养殖户畜禽养殖清洁生产行为强度尤其是行为的家庭经济效应和个人幸福感效应的研究。目前，学者多考察养殖户畜禽养殖清洁生产行为意愿或实际行为，尚未充分重视规模养殖户畜禽养殖清洁生产行为强度尤其是行为引起的家庭经济水平和幸福感心理水平的变化。事实是，一方面，清洁生产行为强也是衡量规模养殖户畜禽养殖清洁生产行为的重要内容，属于行为水平的范畴；另一方面，规模养殖户清洁生产行为的经济和心理效应是其行为决策的重要出发点和落脚点。研究规模养殖户粪污清洁处理行为强度以及行为的经济效应和心理效应，能为相关政策的制定和实施提供有益参考。

二是忽视了环境规制、社会规范对规模养殖户畜禽养殖清洁生产行为决策尤其是行为强度以及行为的家庭经济效应和个人幸福感效应的影响。目前，少数研究利用宏观数据，运用计量分析方法探讨了环境规制对畜禽养殖规模效应（侯国庆和马骥，2017）、产业转移（周建军等，2018）和产业集聚（周力，2011）等的影响，或利用微观调查数据，探究环境规制某一维度或社会规范对养殖户相关行为的影响，鲜有学者分析环境规制与社会规范在规模养殖户畜禽养殖清洁生产行为决策，尤其是行为强度以及行为的经济效应和个人幸福感心理效应中的作用。事实上，随着政府对畜禽养殖清洁生产的日益重视以及我国农村地区“半熟人”社会的特性，激励与约束相融的环境规制措施以及基于血缘、亲缘和地缘而形成的社会规范不仅会影响规模养殖户的清洁生产行为选择，还会影响其相关行为的经济效应和心理效应（Mcdonald and Crandall，2015；Farrow et al.，2017）。因而，有必要从环境规制、社会规范视角出发，深入研究其对规模养殖户清洁生产行为意愿、行为水平、行为的家庭经济效应和个人幸福感心理效应的影响。

三是鲜有研究考察规模养殖户不同类型清洁生产方式行为选择之间的关系以及清洁生产行为的经济效应和幸福感效应的内生性问题。除了潘丹和孔凡斌（2015）的研究，既有研究在探讨个人特征、家庭特征、补贴政策感知等对规模养殖户畜禽养殖清洁生产行为意愿/实际行为的影响时，很少考虑规模养殖户对不同类型清洁生产技术行为选择之间的关系，且鲜有研究分析养殖户畜禽养殖清洁生产行为的经济效应和幸福感效应，在研究技术上也很少考虑规模养殖户清洁生产行为的自选择引起的内生性问题。因此，本书将科学合理地综合运用多种研究方法（如多变量 Probit 模型、内生转换模型）进行分析，弥补既有研究的不足，以期为未来学者的研究提供新的思路和工具。

1.4 研究思路与内容

1.4.1 研究思路

本书拟依据农户行为理论、外部性等理论，基于国内外相关研究的系统梳理，以生猪规模养殖为例，基于鄂东、鄂中和鄂西的实地调研数据，剖析湖北省生猪规模养殖户清洁生产的现状；依据有限目标原则，聚焦畜禽养殖粪污利用类清洁生产技术，运用多种数理模型及方法，分析规模养殖户清洁生产行为意愿、行为水平（包括实际行为与行为强度）、行为的家庭经济效应和个人幸福感心理效应的影响因素，且通过构建环境规制、社会规范的指标体系，运用主成分分析法对各指标进行测度和解析，重点探究环境规制、社会规范对生猪规模养殖户清洁生产行为意愿、行为水平（包括实际行为与行为强度）、行为的家庭经济效应和个人幸福感心理效应的影响，以期为我国相关政策措施的优化、社会规范的积极引导以及促进畜禽规模养殖清洁生产发展的政策制定和实施提供依据。

1.4.2 研究内容

本书的内容主要分为8章，各章的主要内容如下所示。

第1章，绪论。本章从实际出发，论述选题背景，归纳国内外已有研究成果，明确现有研究存在的不足，指出本书的研究内容、研究目的、理论和现实意义，提出可能的创新点。

第2章，概念界定与理论分析。本章在已有研究的基础上，界定环境规制、社会规范、畜禽养殖清洁生产等关键概念，基于农户行为理论、外部性等理论的分析，依据研究目的，阐析环境规制、社会规范对规模养殖户清洁生产行为以及行为家庭经济效应和幸福感效应影响的内在逻辑关系。

第3章，规模养殖户清洁生产行为现状分析。本章将梳理我国畜禽养殖清洁生产发展的历史脉络；依据宏微观数据，主要聚焦末端利用相关清洁生产技术，分析湖北省生猪规模养殖户畜禽养殖清洁生产行为现状，并指出存在的现实问题。

第4章，环境规制与社会规范的测度与解析。本章在科学构建环境规制与社会规范指标体系的基础上，利用微观调研数据，运用主成分分析法，测算环境规制和社会规范的总指数及其各指标，概述环境规制和社会规范的水平。

第5章，环境规制、社会规范对规模养殖户清洁生产行为意愿的影响。本章在理论分析的基础上，利用实地调研数据，运用二元 Logistic 模型，实证分析环境规制和社会规范的各指标对规模养殖户粪污制沼气、粪污制有机肥、粪污制饲料、种养结合这四类清洁生产技术行为意愿的影响，并比较分析不同特征规模养殖户四类清洁生产技术行为意愿的组间影响差异。

第6章，环境规制、社会规范对规模养殖户清洁生产行为水平的影响。本章在理论分析和调研数据的基础上，运用多变量 Probit 模型实证分析环境规制和社会规范的各指标对规模养殖户粪污丢弃、直接还田、制有机肥、制沼气、制饲料、制培养基以及卖钱处理七类粪污处理行为选择的影响；运用有序 Probit 模型，实证考察环境规制和社会规范的各指标对规模养殖户粪污清洁处理行为强度的影响，并比较分析不同特征规模养殖户清洁处理行为强度的组间影响差异。

第 7 章，环境规制、社会规范对规模养殖户清洁生产行为家庭经济效应和幸福感效应的影响。本章在理论分析和调研数据的基础上，将规模养殖户分为粪污高、低清洁处理组，采用可解决自选择内生性问题的带有工具变量的内生转换模型，实证分析环境规制、社会规范对规模养殖户粪污清洁处理行为家庭人均年收入经济效应和幸福感心理效应的影响，并考察粪污高、低清洁处理组规模养殖户的家庭人均年收入和幸福感的差异，还进一步比较分析环境规制、社会规范强度不同时，不同粪污清洁处理组规模养殖户的家庭经济效应和个人幸福感心理效应的差异。

第 8 章，研究结论、对策建议与未来展望。本章主要概括研究结论，提出对策建议，指出研究存在的不足，对下一步研究进行了展望。

1.5 研究方法与技术路线

1.5.1 研究方法

本书基于理论分析，辅以描述性分析，重点聚焦实证分析，综合定量和定性分析方法，探讨湖北省规模养殖户清洁生产行为及其福利效应，并重点考察环境规制、社会规范对规模养殖户清洁生产行为及其福利效应的影响。本书依据每章的研究内容，运用多种统计方法，主要包括文献分析法、描述性统计法、主成分分析法、二元 Logistic 模型、随机优势分析法等。其中，最为重要和典型的三类实证分析方法如下所示。

1. 多变量 Probit 模型

第 6 章以粪污处理技术为例，实证探讨环境规制和社会规范的各个指标对规模养殖户畜禽养殖清洁生产行为的影响，面对丢弃、直接还田、制有机肥、制沼气、制饲料、制培养基、卖钱处理七类粪污处理技术，规模养殖户可能同时采用多类技术以应对养殖生产过程中面临的不同问题，使得这些技术之间可能存在潜在的相关关系，继而某些不可观测因素可能同时影响规模养殖户对不同处理技术的采用行为。因此，本书采用多变量 Probit 模型来分析环境规制和社会规范的各个指标对生猪规模养殖户畜禽粪污处理行为的影响，该模型允许各个方程的误差项相关。

2. 有序 Probit 模型

第 6 章以粪污处理技术为例，实证分析环境规制和社会规范的各指标对规模养殖户畜禽养殖清洁生产行为强度的影响时，本书在湖北省微观调研数据的基础上，将规模养殖户粪污清洁处理行为强度分为有序的三个等级，这三个等级具有有序离散型数据的特点。而有序 Probit 模型一直以来被广泛应用于处理多类别有序离散数据。因此，本书采用有序 Probit 模型来实证分析环境规制和社会规范的各个指标对规模养殖户粪污清洁处理行为强度的影响。

3. 内生转换模型

第 7 章实证考察环境规制和社会规范对规模养殖户的家庭经济水平和个人幸福感水平的影响时，本书按照粪污处理技术的清洁程度的大小，将规模养殖户分为高、低清洁处理组两类。由于规模养殖户对粪污高、低清洁处理可能是自选择行为，该行为与家庭经济情况和个人幸福感情况可能同时受可观测、不可观测因素的影响，可能存在内生性问题。因此，本书构建工具变量，运用内生转换模型，估计环境规制、社会规范对规模养殖户粪污清洁处理行为的家庭经济效应和幸福感心理效应的影响。该模型还可以分析规模养殖户粪污高、低清洁处理行为的经济效应和心理效应的差异。

1.5.2 技术路线

本书的技术路线如图 1-1 所示。

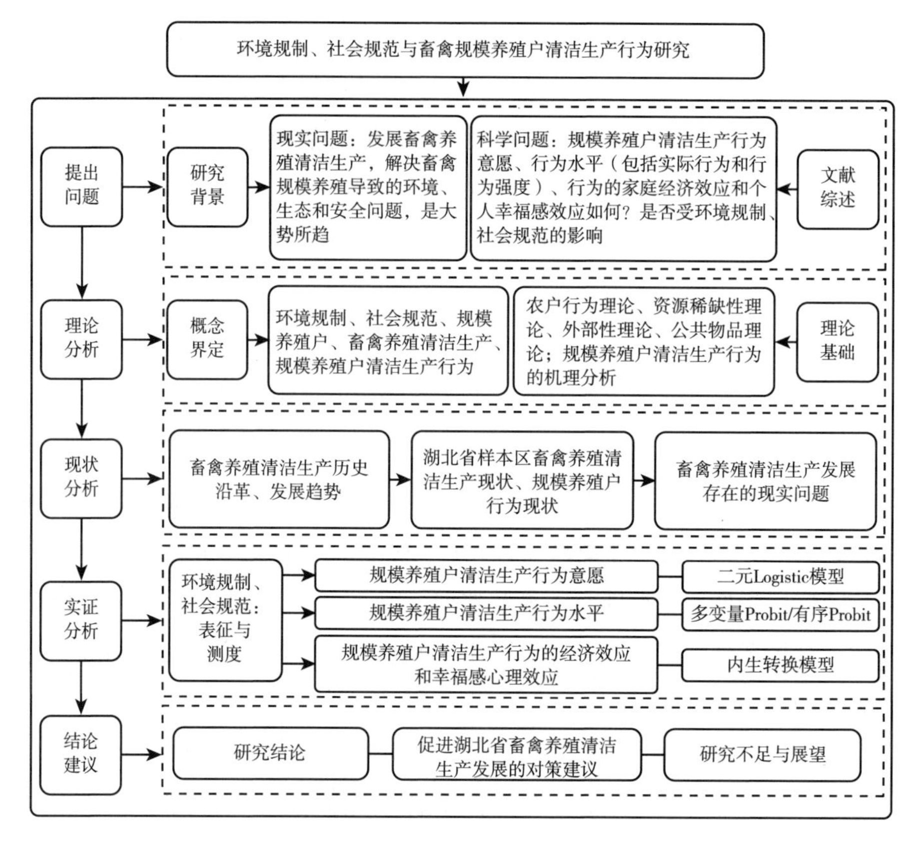

图1-1　本书的技术路线

1.6　可能的创新

本书存在的可能创新点如下：

（1）区别既有研究，本书基于文献分析，科学构建了环境规制和社会规范的指标体系，为相关研究的深入开展提供了材料支撑。目前，鲜有学者构建环境规制尤其是社会规范的指标体系。区别既有研究，本书在文献综述的基础上，依据全面性、系统性、可得性、明确性、可比性的指标构建原则，从激励型环境规制、监督型环境规制两个方面构建了环境规制的指标体系，从社会责任规范、个人道德规范、公众认可规范、群体行为规范四个方面构建了社会规范的指标体系，这为环境规制和社会规范的相关研究提供了一定经验借鉴。

（2）基于相关理论，本书实证剖析了环境规制、社会规范对规模养殖户清洁生产行为意愿—行为水平—行为的家庭经济效应和个人幸福感心理效应的影响，丰富了既有相关研究内容。目前，学者考察环境规制或社会规范的某一指标在养殖户清洁生产行为意愿或实际行为中的作用，少有研究探讨环境规制、社会规范对规模养殖户清洁生产行为强度尤其是行为的家庭经济效应和个人幸福感心理效应的影响，从而降低了分析的系统性和全面性。本书将在微观调研数据和理论分析的基础上，采用合理的计量统计方法，实证分析环境规制和社会规范的各个指标对规模养殖户畜禽养殖清洁生产行为意愿、实际行为和行为强度的影响，并探究环境规制、社会规范对规模养殖户粪污清洁处理行为家庭人均年收入经济效应和幸福感心理效应的影响差异，拓展了畜禽养殖清洁生产的相关研究内容。

（3）本书注重综合运用多种研究方法，为未来学者的相关研究提供了新的思路和工具。例如，实证分析环境规制、社会规范对规模养殖户粪污清洁处理行为家庭人均年收入经济效应和幸福感心理效应的影响时，为处理自选择偏误内生性问题，本书采用了内生转换模型和工具变量进行估计。具体而言，选取“村庄农业废弃物处理设施”构建了规模养殖户粪污清洁处理行为家庭人均年收入经济效应的工具变量，选取“五年前清洁处理情况”构建了规模养殖户粪污清洁处理行为幸福感心理效应的工具变量，不仅为相关领域的相关研究提供了新工具变量的选择思路，也为既有文献作出了有益补充。

1.7 本章小结

本章为全书的引子，旨在揭示我国畜禽养殖清洁生产的背景，提出研究目的、论述本书的理论和实践意义，综述已有研究成果，明确既有研究的不足，介绍研究内容、研究方法，指出可能的创新点，这些内容为后文的分析奠定了基础。

概念界定与理论分析

上一章主要介绍研究背景、研究内容、研究目的、研究意义以及可能的创新点。本章为“概念界定与理论分析”章节，旨在界定环境规制、社会规范等关键概念，阐述理论基础，明确环境规制、社会规范对规模养殖户清洁生产行为及其行为的家庭经济效应以及个人幸福感效应的影响机理，以期为后文的分析提供理论依据。

2.1 概念界定

2.1.1 环境规制

对环境规制概念的深入理解是合理建构环境规制指标体系的基础和前提。顾名思义，环境规制的含义是“环境”与“规制”两个词含义的组合。具体而言，环境是指除去所指物（物体或人）之外的一切空间的统称（陈泉生，2001）；规制最开始被运用于工业领域，被认为是为约束工业企业行为，维护工业利益的规范（Stigler，1971），之后，规则被广泛应用于各个行业，也被学者们赋予了新的定义，即约束个体、企业等的经济行为而制定的标准（植草益，1992）。

环境规制是环境、规制含义不断丰富的结果。针对环境规制的概念，学者们并未达成一致意见。依据环境规制的实施手段的差异，其概念大致可分为两种。具体而言，部分学者将环境规制定义为，为了约束相关主体的行为以减少环境污染，政府实施的一些严格法规的总称（Tietenberg，1990；McManus，2009），这些法规具有强制性、严格性的特点，是矫正市场失灵的工具（李启庚等，2020）；也有学者将环境规制定义为政府为保护环境、合理利用资源而实施的能够对个体行为进行干预的法律法规、经济手段或具有市场特性的措施的总称（李卫兵等，2019；钟锦文和钟昕，2020）。就环境规制的实施主体，学者们也存在分歧。大部分学者认为政府是环境规制的主要实施主体（Weber，1998；何春和刘荣增，2020；王群勇和陆凤芝，2019）；自1991年美国鼓励企业等个体自主减排，加之环境规制被广泛应用于各个行业，少部分学者认为除了政府，企业、社会组织以及个人也应是环境规制的实施主体（生延超，2008；赵玉民等，2009；潘翻番等，2020），且自愿型环境规制也是环境规制内容的一部分（刁心薇和曾珍香，2020；张瑞，2013）。

结合现有研究对环境规制的概念界定，考虑到本书的研究目的，本书将环境规制定义为：政府实施的一系列以减少污染物排放为目的的措施手段、条款文件以及政策法规的统称，且仅限于政府是环境规制的实施主体；实施手段既涵盖了具有强制性特点的政策法规，也包括具有引导性的市场机制措施，旨在约束个体等的不当行为。

2.1.2　社会规范

对社会规范定义的深入理解是合理建构社会规范指标体系的基础和前提。顾名思义，社会规范一词的含义是“社会”与“规范”两个词含义的组合。具体而言，社会被学者们认为是由不同主体组成的一个完整环境（达维多夫，2005）；规范最开始被运用于社会学领域，被认为是约束自我行为而遵循的社会期望或偏好，这些期望或偏好是由所在群体共同赞同而形成的（Homans，1961）。之后，社会和规范的概念被推广于经济学、环境学等领域。

社会规范是社会、规范含义不断丰富的结果。针对社会规范的概念，学者们并未达成一致意见。不同的学者对社会规范一词有着不同的理解。例如，坎多利（Kandori，1992）、菲什拜因和阿杰恩（Fishbein and Ajzen，1975）均认为社会规范是指由社会各个主体共同赞同的具有自我约束力的规则或信念，是一种无形的社会压力；随着社会规范含义的不断丰富，格鲁特和舒蒂玛（Groot and Schuitema，2012）将社会规范定义为个人自我约束或他人对个体进行约束的一种信念；秦波涛和肖格伦（Qin and Shogren，2015）认为社会规范既包括社会对个体行为的制裁，也包括个体对自我行为的制裁；郑馨等（2017）则指出，区别于环境规制，社会规范具有不成文性和非强制性的特点。总的来看，社会规范的概念可以分为广义和狭义两种。具体而言，学者们认为广义的概念是指个体所在社会群体中共同遵守的非强制性的对个体行为具有约束力的社会规则或个体自我约束的信念和规则（Elster，1989；Young，2015）；狭义的概念则仅包括社会群体中共同遵守的非强制性的对个体行为具有约束力的社会规则（张福德，2016）。

结合现有研究对社会规范的概念界定，考虑到本书的研究目的，本书的社会规范是指广义的社会规范，指个体所在社会群体中共同遵守的非强制性的对个体行为具有约束力的社会规则或个体自我约束的信念和规则，反映了个体所在的社会群体以及个体共同遵守的行为准则。

2.1.3 规模养殖户

畜禽养殖清洁生产需要实践的主体，而规模养殖户正是这些主体中的一类。近年来，随着国家对畜禽规模养殖的日益重视，规模养殖户在养殖户中的占比也在不断增加。刘刚辉等（2012）认为规模养殖户是畜禽养殖数量达到政策规定的一定数量且养殖水平和管理能力与养殖数量相匹配的养殖户的尊称。结合本书的研究目的，本书的规模养殖户特指养殖生猪的规模户。根据统计资料的不同，生猪规模养殖户的划分标准也不同。具体而言，2018 年《全国农产品成本收益资料汇编》将生猪规模养殖户分为四类：养殖数量在 30 头及以下是散养户、30 ~ 100 头是小规模户、100 ~ 1000 头是中规模户、1000 头以上是大规模户；2018 年《中国畜牧兽医年鉴》将生猪养殖户分为两类：生猪年出栏量为 50 头及以下为散养户、生猪年出栏量为 50 头以上的为规模户。根据各省的实际差异，生猪规模养殖户的划分标准也不同。具体而言，在江苏省，生猪年出栏量为 50 头及以下为散养户、生猪年出栏量为 50 头以上的为规模户；在河南省，生猪年出栏量为 500 头及以下的为散养户、生猪年出栏量为 500 头以上的为规模户。

就本书而言，主要聚焦对湖北省生猪规模养殖户的研究。综合湖北省的现实情形以及所获数据的特点，本书将生猪规模养殖户分为三类：生猪年出栏量在 30 ~ 100 头的为小规模养殖户、生猪年出栏量为 100 ~ 500 头的为中规模养殖户、生猪年出栏量为 500 头及以上的为大规模养殖户。需要强调的是，由于调查时将未考虑散养户，因此本书研究的对象不包含生猪年出栏量在 30 头以下的散养户。

2.1.4　畜禽养殖清洁生产

对畜禽养殖清洁生产定义的深入理解需要先了解什么是清洁生产。清洁生产最早运用于工业领域，是发达国家为了治理工业污染的实践产物，并于 1992 年被我国列入《环境与发展十大对策》，成为我国环境治理的重要政策之一。之后，为了加快清洁生产的推广和实施，我国于 2003 年正式实施《中华人民共和国清洁生产促进法》，该法对相关技术标准有着明确的规定。清洁生产被认为是贯穿整个生产周期的既环保又高效的生产方式（Lei et al.，2021）。

随着清洁生产概念在各个行业的广泛应用，畜禽养殖清洁生产应用而生，该生产方式是清洁生产理念在畜牧业中实践的产物。学者们认为，畜禽养殖清洁生产是指一种贯穿整个养殖过程，以减少畜禽养殖对环境污染，提高养殖效率的生产模式（王文惠，2013；董金朋等，2018），换言之，是将环保思想应用于源头防控、过程控制以及末端粪污治理的生产模式（周力和薛荦绮，2014）。具体而言，畜禽养殖清洁生产要在养殖前合理规划养殖场选址，根据耕地承受力选择养殖规模，选择合适的饲养品种（袁祖贵，2016；景艳东，2016）；在养殖过程中使用绿色饲料，应用高效低残留兽药，做好防疫工作，还要节约用水，采用粪污干湿分离技术（童延军，2014；李海，2017）；在养殖过程后要加强对粪污的资源化利用，减少粪污对环境的污染（于超，2019）；还可以采用种养结合模式，以达到养殖氨减排的目的（刘红南和印遇龙，2021）。

在畜禽养殖清洁生产的各个环节中，养殖后粪污利用一直以来受到了国家相关部门、学术界等的日益关注，因此也是本书的主要聚焦点。学者们普遍认为粪污利用主要包括粪污资源化利用和粪污无害化处理两大类（乔娟和舒畅，2017）。具体而言，粪污无害化处理是将粪污进行亲环境处理，目的是减少其对环境的污染（王元芳等，2020）；粪污资源化利用的目的除了减少环境污染外，还强调要将粪污视为一种资源，将其进行处理后再利用，相关技术主要包括粪污肥料化技术、粪污基质化技术、粪污能源化技术、粪污饲料化技术以及粪污出售处理（范有平，2018；李宁等，2018），这些技术可以实现粪污资源的经济效益、环境效益和资源效益（孙若梅，2018）。需要强调的是，鉴于本书的研究目的和所获得的数据，畜禽养殖清洁生产中的粪污资源化利用是本书主要关注的内容。

结合现有研究对畜禽养殖清洁生产的概念界定和本书的主要研究内容，畜禽养殖清洁生产在本书被认为是：将环境保护和资源利用贯穿于养殖生产前（如合理规划养殖场、养殖规模与耕地相匹配等）、养殖生产中（如高效利用水资源、使用环保饲料等）以及养殖生产后（如粪污资源化、无害化处理等）的整个过程的一种养殖方式，其目的是在减少环境污染的同时，突破资源约束瓶颈，提高养殖效率，保障人类健康。需要说明的是，畜禽养殖生产后相关清洁生产技术是本书关注的重点。

2.1.5 规模养殖户清洁生产行为

畜禽养殖清洁生产是一种生产方式，需要一定的主体来践行，而规模养殖户正是相关主体中的主要组成部分，且规模养殖户对畜禽养殖清洁生产的参与经过了认知到行为发生等复杂过程（于超，2019）。纵观国内外的相关研究，学者指出规模养殖户的行为一般经历了这几个阶段，由最开始的认知，到对相关清洁生产技术有采用意愿，再到实际采用畜禽养殖清洁生产技术（实际行为和行为强度），然后是清洁生产技术采用后的效果（乔娟和舒畅，2017；赵俊伟等，2019）。具体而言，规模养殖户对清洁生产的认知—行为意愿—行为水平（实际行为和行为强度）—行为效果的过程介绍如下。

2.1.5.1 规模养殖户对清洁生产的认知

正如对任何事物的参与都需要从认知和了解开始一样，规模养殖户对畜禽养殖清洁生产的认识也是从获取相关信息开始。畜禽养殖清洁生产是政府大力推广的发展模式，为了响应政府的政策，降低畜禽养殖的风险和不确定性，规模养殖户通过获取相关信息，加强对畜禽养殖清洁生产的了解和认知。综合而言，规模养殖户对相关信息的了解渠道主要包括：一方面自身主动地凭借电脑、手机、互联网等技术获取畜禽养殖清洁生产的相关信息；另一方面被动地接受来自政府、技术推广部门、技术推广员等宣传、发布和推广的相关信息。就本书而言，规模养殖户对畜禽养殖清洁生产信息的认知主要指其主动或被动地获得相关技术信息的过程，最终的结果为，规模养殖户了解了畜禽养殖清洁生产，且对该模式的利害有一定程度的认知。

2.1.5.2 规模养殖户畜禽养殖清洁生产行为意愿

规模养殖户通过对畜禽养殖清洁生产的认知，明白了其中的利害关系，进而会对该模式产生参与的意愿和愿望。有学者的研究发现，规模养殖户有意愿参与畜禽养殖清洁生产是其清洁生产行为最终发生的前提和重要影响因子（孔凡斌等，2016；孔凡斌等，2018）。根据本书的目的和所获得的数据，本书所指的规模养殖户畜禽养殖清洁生产行为意愿是指生猪规模养殖户对畜禽粪污再利用技术，包括粪污制沼气技术、粪污制饲料技术、粪污制有机肥技术，以及对种养结合技术的采用意愿。

2.1.5.3 规模养殖户畜禽养殖清洁生产行为水平

在国家大力推广畜禽养殖清洁生产的背景下，规模养殖户实际参与畜禽养殖清洁生产，才是真正地响应国家的相关政策。面对畜禽养殖清洁生产技术，一方面，规模养殖户会考虑是否采用（实际行为）；另一方面，规模养殖户会考虑采用多少个畜禽养殖清洁生产技术（行为强度）。鉴于此，本书用规模养殖户畜禽养殖清洁生产行为水平来表达其行为情况，行为水平包括实际行为和行为强度两类，对两类行为的具体阐述如下所示。

1. 规模养殖户畜禽养殖清洁生产实际行为

正如前文所述，畜禽养殖清洁生产是国家政府大力推广的一种环保型生产方式，包含多类清洁生产技术，而不同特征的规模养殖户作为清洁生产的实践主体，会根据畜禽养殖效益，综合考虑相关风险和不确定性，对畜禽养殖清洁生产技术做出不同的行为反应。结合本书的研究内容以及相关数据的获取情况，规模养殖户畜禽养殖清洁生产实际行为主要指规模养殖户对七类畜禽粪污处理技术的实际行为选择，这几类粪污处理技术包括粪污丢弃处理、直接还田技术、制有机肥技术、制沼气技术、制饲料技术、制培养基技术、出售卖钱。

2. 规模养殖户畜禽养殖清洁生产行为强度

一般而言，面对不同的粪污处理技术，规模养殖户根据自身畜禽养殖情况做出不同的行为选择，且由于这七类技术可以帮助其解决不同的困难，作为理性经济人，规模养殖户会考虑效用最大化的需求。因此，面对丢弃处理、直接还田技术、制有机肥技术、制沼气技术、制饲料技术、制培养基技术、出售卖钱这七类不同的粪污处理技术，规模养殖户很有可能会同时采用多种技术。但从清洁程度来看，七类粪污处理技术的清洁程度不同。据此，本书会根据规模养殖户采用的粪污处理技术的清洁程度情况来衡量其畜禽养殖清洁生产行为强度。具体而言，本书根据规模养殖户的行为选择，将其粪污处理清洁行为强度分为三个等级，取值为 1、2、3 三个等级的离散数据，数字越大，表明规模养殖户粪污清洁处理行为强度越大。

2.1.5.4 规模养殖户清洁生产行为的经济效应和心理效应

通过采用畜禽养殖清洁生产技术，规模养殖户的家庭经济状况和个人幸福感情况势必会发生变化。从理论层面来看，一方面，规模养殖户参与畜禽养殖清洁生产，势必会遵守国家规定的清洁生产的技术标准，会提高畜禽养殖的管理水平（Bozorgparvar et al.，2018），确保畜产品的质量安全水平，因此其畜产品的价格会有所提高，家庭收入也会有所增加。另一方面，减少环境污染、突破资源约束瓶颈是畜禽养殖清洁生产的主要目的之一。而规模养殖户对该模式的参与，也应以缓解畜禽养殖环境污染为己任。因此，参与畜禽养殖清洁生产的规模养殖户很有可能会因为污染的减少和环境的改善而具有较高的幸福感。鉴于此，本书定义规模养殖户清洁生产行为的经济效应主要指清洁生产行为引起的家庭经济水平的变化（用家庭人均年收入进行衡量）；规模养殖户清洁生产行为的心理效应主要指清洁生产行为引起的个人心理的变化（用个人幸福感进行衡量）。

2.2 理论分析

2.2.1 农户行为理论

以农户为代表的个体常常会在预算约束条件的基础上进行生产决策，其目的是获得尽可能多的收入，实现收益或效用最大化，这是经济学理论对个体行为决策的经典解释。以农户为代表的个体在采纳技术时，其行为的预期利润可表示为：

$$\pi = PQf(a,b) - \sum P_{ir}M_{ir} \tag{2-1}$$

其中，π：个体技术采用的预期收益或预期幸福感效用；P：农户采用技术获得的产出的预期价格；Q：农户采用技术获得产出的预期产量；f(a,b)：技术采用选择函数，取值0~1，其中，a：影响该函数的内部因素向量，b：影响该函数的外部因素向量；P_{ir}：第i种预期投入价格，M_{ir}：第i种预期投入量。当且仅当$\pi \geqslant 0$时，农户的技术采用行为才发生。该式表明，农户技术采用的预期收益/预期效用受f(a,b)的影响。

规模养殖户是农户的一种，其畜禽养殖清洁生产行为也遵循经济学理论，换言之，其清洁生产行为具有逐利性。f(a,b)为规模养殖户畜禽规模养殖清洁生产行为选择，结合既有研究，该行为选择和行为效应均受风险、不确定性等因素（向量a）和环境规制、社会规范等外部因素（向量b）的影响。

2.2.2 资源稀缺性理论

2.2.2.1 资源稀缺性

正如刘世廷（2006）所说，稀缺性是资源的特性，是日益匮乏的资源与人们日益增长的需求之间的不对称和失衡。资源稀缺性是人们面对具有不同的经济属性的选择时表现出差别的根源，换言之，不同个体在有限资源的条件下，如何通过不同的方式满足自身的需求。对于规模养殖户而言，畜禽养殖是在有限的可利用资源的约束下进行的，这些有限的资源包括物料、资金、人力等，因此，会通过各种渠道了解并掌握畜禽养殖行业和市场上的相关信息，并综合畜禽养殖过程中面临的不同问题而采用不同的畜禽养殖清洁生产行为。与此同时，由于规模养殖户的社会属性，其清洁生产行为的利益诉求除了受有限资源的约束外，还会受国家相关政策法规、他人言行以及自身的社会责任感和道德感的影响。因此，畜禽养殖过程中面临的资源稀缺性与规模养殖户的个人需求之间存在矛盾，加之受相关政策法规、他人言行以及自身的社会责任感和道德感的影响，规模养殖户总能选择出一个自认为利益最大化和效用最大化的行为方案。

2.2.2.2　机会成本

机会成本是资源稀缺性理论的重要内容。面对畜禽养殖清洁生产技术和畜禽养殖的传统技术，规模养殖户的行为决策会综合考虑各类技术采用后的机会成本。例如，在采用清洁生产技术时，规模养殖户会考虑放弃的畜禽养殖传统技术所需付出的人力、财力等成本。具有不同特征的规模养殖户的清洁生产技术行为的机会成本各异，主要受个体特征（如受教育水平、年龄）和能力以及相关政策法规、他人言行以及自身的社会责任感和道德感等因素的综合影响。从理论层面来看，受限于资源稀缺性条件，规模养殖户在面对畜禽养殖清洁生产技术和传统技术时，常常会评估自身的能力以及可能的外部影响因素，在不同类型的技术中选择一类或多类具有较低机会成本的技术。

2.2.2.3　资源稀缺与可持续发展

一直以来，资源不可再生的危机与日俱增。人类日益审视和反思自身行为是否会加剧资源的不可再生性，逐渐发现资源可持续发展和资源永续利用的重要性。在经济学领域，资源高效利用，促进经济的可持续发展是相关学者关注的重点。不少学者对可持续发展与资源稀缺之间的关系做了深入的研究，并认为为实现资源高效利用的目标，除了个体对自我行为的约束外，还需要政府的管制以及他人的监督（孙若楠，2017；张义来和杜红梅，2018）。

对于规模养殖户来说，其清洁生产行为是可以实现有限资源的再利用，促进畜禽养殖可持续发展的典型，意味着其要将污染预防和资源再利用等理念贯穿应用于整个养殖过程，以提高资源利用效率，减少畜禽养殖对个人健康造成的威胁以及对环境带来的污染（UNEP IE/PAC，1993；任胜钢等，2016）。但是，由于规模养殖户具有经济理性，以利润最大化和效用最大化为目标。因此，为促进规模养殖户参与畜禽养殖清洁生产，实现资源再利用与畜禽养殖的可持续发展，除了需要激发规模养殖户自身的社会责任感和个人道德感之外，还需要相关政策法规对其行为进行约束以及他人言行对其行为的引导。

2.2.3 外部性理论

畜禽养殖具有显著的负外部性，这是目前养殖户面临的重要难题，也是国家政府、社会公众等各界广泛关注的热点。从畜禽养殖外部性的产生主体来看，畜禽养殖的负外部性主要指生猪等养殖过程中不合理的非清洁生产方式从其他主体（例如畜禽养殖场周围的居民）那里强征了不予补偿的成本，而畜禽养殖的正外部性则指生猪等养殖过程中清洁生产无条件对其他主体给予无须付费的收益。从畜禽养殖外部性的接受主体层面来看，外部性表示的是畜禽养殖为他人带来的效益（正外部性）或从他人那里强征来的成本（负外部性）在规模养殖户接受范围外的现象。

换言之，畜禽养殖外部性是畜禽养殖引起的社会边际收益（或成本）与规模养殖户畜禽养殖所获得的个人边际收益（或成本）之间的差距。具体而言，规模养殖户畜禽养殖过程中，若采用了传统的技术，即非清洁生产技术（如粪污弃置等），由此给外部环境造成了严重的污染，影响畜禽养殖周边居民的生存环境时，由此产生外部的不经济，即发生了畜禽养殖负外部性现象；若采用了清洁生产技术（如粪污制肥料技术等），由此减少了畜禽养殖对外部环境的污染，即发生了畜禽养殖正外部性现象（李冠杰，2018；张宇和张沁岚，2019）。事实上，规模养殖户畜禽养殖外部性的存在是其不能实现资源环境配置帕累托最优的根源，进而不能够实现利润最大化，即多数规模养殖户由于未采用清洁生产技术而挤占了他人的资源与环境，进而导致社会效益不经济，在这样的情况下，规模养殖户可以不给予周围受影响的居民以经济补偿，这一现象也被学者称为资源的无效配置（常兆丰等，2020）。因此，为了避免这一现象的发生，为促进规模养殖户对清洁生产技术的采用，避免畜禽养殖外部不经济现象的发生，需要政府法规政策以及他人言行对规模养殖户的行为加以约束，更需要激发规模养殖户社会责任感和个人道德感，以促使其自觉参与畜禽养殖清洁生产。

2.3　规模养殖户清洁生产行为的机理分析

2.3.1　规模养殖户清洁生产行为的不同阶段

正如“2.1.5 规模养殖户清洁生产行为”所述，规模养殖户畜禽养殖清洁行为过程包括了行为意愿—行为水平—行为的经济和心理效果，体现了规模养殖户对相关清洁生产技术从了解和把握发展到具有相关清洁生产技术采用意愿，再发展到具有实实在在的行为水平，最后到清洁生产技术采用后获得经济和心理效果。概括而言，对这几个阶段的相关研究已相对成熟。

2.3.1.1　罗杰斯的创新扩散过程观点

学者罗杰斯（Rogers，1962）最早开始关注创新扩散的过程，他认为一个主体技术采用经历了了解—兴趣—评估—试验—采纳五个不同的阶段。具体而言，了解是创新技术扩散发生的初始阶段，指的是主体通过直接或间接对创新技术信息的少量获取，知道创新技术的存在，并拥有少量有关创新技术信息的阶段；兴趣是创新技术扩散发生的第二阶段，指的是通过对创新技术少量信息的掌握，主体对创新技术逐渐产生了兴趣，并渴望获得更多相关信息的阶段；评估是创新技术扩散发生的第三阶段，指的是主体基于对感兴趣的创新技术大量信息的掌握，对采用这些创新技术进行成本和收益、优点和缺点评估的阶段；试验是创新技术扩散发生的第四阶段，指的是主体综合创新技术的已有信息和评估的结果，试验相关技术是否符合自己预期的阶段；采纳是创新技术扩散发生的第五阶段，指的是通过一系列的权衡，主体对感兴趣的创新技术做出采用或不采用的最终决策阶段。

2.3.1.2 克朗格兰和科沃德的个体创新行为观点

克朗格兰和科沃德（Klonglan & Cowad，1970）两位学者在罗杰斯（1962）创新扩散研究的基础上，将创新扩散应用于个体创新行为方面，针对个体创新行为的阶段划分给出了自己的见解和看法。他们认为个体创新行为的发生经历了认知—信息—评价—尝试—采纳五个阶段，这与罗杰斯创新扩散过程的划分一致。具体而言，认知是个体创新行为发生的第一阶段，指的是个体通过多样化渠道了解到相关创新技术，并对该技术有了一定程度的认识；信息是个体创新行为发生的第二阶段，指的是个体通过进一步对相关创新技术信息的获取，对该技术有了进一步认知的阶段；评价是个体创新行为发生的第三阶段，指的是基于对创新技术信息的掌握和认知，个体对该技术进行优劣评价的阶段；尝试是个体创新行为发生的第四阶段，指的是个体对创新技术的了解已达到了一定的程度，开始对该技术进行试错；采纳是个体创新行为发生的最后阶段，指的是通过尝试，个体获得满意的结果，进而正式对创新技术进行采纳的阶段。

2.3.1.3 规模养殖户畜禽养殖清洁生产行为划分

罗杰斯（1962）对创新扩散的划分以及克朗格兰和科沃德（1970）对个体创新行为的划分是在理想的、完备的情况下发生的。事实上，面对新型的创新技术，受限于外部条件或自身因素，并非每个个体对该技术的采用过程都历经完备的五个阶段。就本书而言，基于对调查地的观察以及数据的获取情况，我们仅获取了规模养殖户畜禽养殖清洁行为发生的三个阶段，即行为意愿—行为水平—行为的经济和心理效果。具体而言，在国家大力支持畜禽养殖清洁生产发展的现实背景下，规模养殖户势必会直接或间接地获取相关清洁生产技术的信息，加之农技推广员的影响，很有可能会对相关清洁生产技术产生采用意愿；之后，在具有采用意愿的前提下，规模养殖户有可能发生畜禽养殖清洁生产行为，基于萨哈等（Saha et al.，1994）的研究，这一阶段又包括了行为选择和行为强度两个方面；最后，通过对清洁生产技术的采用，规模养殖户会得到相关行为的经济效果或心理效果。

2.3.2 机理分析

2.3.2.1 规模养殖户清洁生产行为发生理论框架分析

正如“2.2.1 农户行为理论”所述，规模养殖户是农户的一类，具有经济理性，其行为目标以尽可能追求最大利润和最大效用。因此，规模养殖户畜禽养殖清洁生产行为也遵循这一逻辑。具体而言，规模养殖户相关行为的预期利润或预期效用可表达为预期收益和预期成本的差，如下所示：

$$\pi = PQf(a,b) - \sum P_{ir}M_{ir} \tag{2-2}$$

其中，π：规模养殖户清洁生产行为的预期利润或效用；P：规模养殖户清洁生产行为所获产品的预期价格；Q：规模养殖户清洁生产行为所获产品的预期产量；f(a,b)：受内部因素向量（a）和外部因素向量（b）影响的行为发生函数，取值为0～1。P_{ir}：第i种预期投入价格，M_{ir}：第i种预期投入量。由式（2－2）可知，仅当$\pi \geqslant 0$时，规模养殖户的清洁生产行为才会发生，且π受f(a,b)的直接影响。从理论层面来看，规模养殖户清洁生产行为的目标是减少预期成本或增加预期收益，获得最大化利润。从实践层面来看，规模养殖户清洁生产行为受到多种因素（如个体和家庭特征、养殖特征、风险、环境规制和社会规范等外部因素）的影响。

2.3.2.2 规模养殖户清洁生产行为的影响因素分析

正如上一小节所述，规模养殖户清洁生产行为的发生难免受多种因素的影响，包括内、外部因素以及促进、阻碍因素。纵观现有研究，规模养殖户清洁生产行为的影响因素可概括为以下四个方面。

一是养殖户特征。现有研究显示，性别是影响养殖户采用新技术的重要因素，与女性偏向顾家的特点不同，男性更有可能与他人接触，因此获取的新技术相关信息可能更多，也更有可能尝试新的畜禽养殖生产方式（孔凡斌等，2016）；此外，年龄也是影响养殖户接受新技术的重要因素，养殖户年龄越小，思想越开阔，越容易接受新型的清洁生产技术（闵继胜和周力，2014）。通常，养殖户的受教育水平越高，其所获得的文化知识越多，越能了解清洁生产的生态、社会、环境、经济和健康效应，接受新鲜事物的概率越大，因此，参与清洁生产的可能性越高（舒畅等，2017）。

二是家庭特征。一般情况下，家庭劳动力人数越多，意味着规模养殖户进行清洁生产时可以投入的劳动力越多，加之畜禽养殖清洁生产对劳动力有一定的要求，因此，这样的养殖户越有可能采用清洁生产技术。家庭土地经营规模代表的是畜禽养殖粪污可以被土地消纳的能力。具体而言，土地经营规模越大，对畜禽养殖排放的粪污的消纳能力越强，规模养殖户越有可能参与畜禽养殖清洁生产。与普通家庭相比，家中有村干部的家庭获取清洁生产技术信息的渠道更多也更容易，进而对这些技术的了解越多，也越有可能参与清洁生产。另外，年收入越高的家庭拥有足够的资金参与畜禽养殖清洁生产，进而其清洁生产行为积极性越高。

三是养殖经营特征。通常情况下，养殖规模是畜禽养殖粪污产量的直接影响因素，养殖规模越大，粪污处理难度越大，养殖户更有可能参与清洁生产以处理大量的畜禽粪污。不同学者对养殖年限对养殖户清洁生产行为的影响看法不一。孟祥海等（2015）认为养殖年限越长的养殖户受传统粪污处理经验的影响，越不可能接受清洁生产新技术；而孔凡斌等（2016）的研究认为养殖年限越长的养殖户对粪污污染危害的认知越深刻，越能接受具有环保特点的清洁生产新技术。

四是其他因素。其他因素中，技术培训被认为有助于增强养殖户的新技术应用能力，是提高养殖户清洁生产新技术采用率的重要促进因素；风险对资金有限的养殖户来说较为敏感，而参与清洁生产需要投入较多的资金和精力，且获得收益的周期较长，养殖户对清洁生产的参与具有一定的风险。通常来说，对清洁生产的风险感知较高的规模养殖户，采用相关清洁生产技术的可能性越小，反之，采用相关清洁生产技术的可能性越大。

2.3.2.3 环境规制、社会规范对规模养殖户畜禽养殖清洁生产行为的影响分析

基于对农户行为理论、外部性理论等的分析，不难发现，外部因素中的环境规制、社会规范可能影响规模养殖户的清洁生产行为。具体而言，环境规制的影响层面，一方面，环境规制可以是补贴或惩罚等手段，这些手段对养殖户行为具有约束力，既可以影响规模养殖户对相关行为带来预期收入或预期成本的预判，又可以影响其相关行为的实际收入或成本，从这个层面来看，环境规制可能影响规模养殖户清洁生产行为意愿、行为水平及行为的经济效应。另一方面，环境规制还可以是表彰或批评等措施，这些措施对养殖户的行为具有约束力，这些措施的实施可以影响规模养殖户的心理收益或心理损失，从这个层面来看，环境规制可能影响规模养殖户清洁生产行为意愿、行为水平及行为的幸福感心理效应。社会规范的影响层面，一方面，社会规范可以是个人道德感和社会责任感的变化而进一步影响规模养殖户相关行为的心理收益或心理损失，从这个层面来看，社会规范可能影响规模养殖户清洁生产行为意愿、行为水平及行为的幸福感心理效应。另一方面，社会规范可以是他人言行传达的良好社会期望，这一期望与规模养殖户相关行为悖离程度的大小会对其相关信息和资源的获取程度产生影响，从这个层面来看，社会规范可能影响规模养殖户行为意愿、行为水平和行为的经济效应。

基于以上的细致分析，本书认为环境规制、社会规范会对规模养殖户畜禽养殖清洁生产行为的三个阶段，即行为意愿、行为水平（包括实际行为和行为强度）、行为效果（包括经济效应和幸福感心理效应），产生影响，因此，将构建环境规制、社会规范指标体系，并将二者作为关键影响因素纳入分析框架；与此同时，考虑到规模养殖户特征、家庭特征、养殖经营特征和其他因素会对规模养殖户清洁生产行为过程的各个阶段产生影响，本书将这些因素作为控制变量纳入分析框架。具体而言，本书的理论分析框架如图2-1所示。

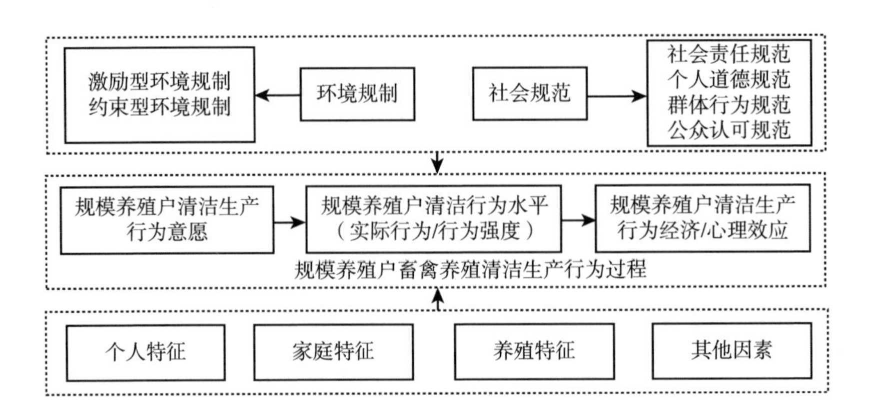

图 2－1　环境规制、社会规范对规模养殖户清洁生产行为过程的影响机理

2.4　本章小结

首先，本章界定了环境规制、社会规范、规模养殖户、畜禽养殖清洁生产、规模养殖户清洁生产行为的概念和内涵；其次，基于农户行为理论、外部性理论等，分析了规模养殖户清洁生产行为决策过程的内在逻辑；再次，基于已有研究，将规模养殖户清洁生产行为过程划分为三个阶段；最后，分析了环境规制、社会规范对规模养殖户清洁生产行为三个阶段的影响机理，为后文的实证分析做了铺垫。

规模养殖户清洁生产行为现状分析

第2章定义了关键概念，分析了相关理论和本书的理论基础。本章围绕规模养殖户清洁生产行为的现状分析这一主题，系统介绍我国畜禽养殖清洁生产的发展历史和发展趋势，介绍本书的数据来源，基于数据分析，概括湖北省样本区畜禽养殖清洁生产推广现状和规模养殖户的行为现状，并指出湖北省畜禽养殖清洁生产发展中存在的现实问题。

3.1 我国畜禽养殖清洁生产的发展历史与趋势

3.1.1 我国畜禽养殖历史发展概况

我国为世界畜禽养殖大国之一，以生猪养殖为代表的畜禽养殖由来已久。据相关资料显示，我国畜牧业最早在新石器时期在黄河、长江流域一带出现。之后，伴随着农耕文明的出现，畜牧业、种植业逐渐成为推动我国传统农业发展的两大产业。此时，畜禽养殖业辅以种植业，传统农业的典型特点是大型家畜为种植业提供动力，小型家畜禽则成为人们食物来源的重要组成部分。近代时期，由于各种因素的影响，尽管我国经济缓慢发展，但畜牧业仍然是农业中的支柱产业之一，占据着举足轻重的地位。

20 世纪 50 年代到 20 世纪末，我国畜禽养殖的发展尽管有所波动，但整体呈增长态势。这一阶段，随着国家对相关科技的投入力度不断加大，畜禽养殖品种改良、养殖防疫以及畜禽养殖的饲养和管理等技术快速发展。特别是 20 世纪 70 年代至 20 世纪末，伴随着我国经济的快速发展，畜禽养殖也呈现出较高的发展速度，畜禽养殖产品逐渐朝商品化、集约化的方向发展（颜景辰，2007）。《新中国五十年农业统计资料》统计表明，1999 年全国畜牧业总产值高达 0.6998 万亿元，为 1978 年的 33.5 倍，是 1952 年的 135.4 倍；1999 年全国畜牧业总产值占农林牧渔业总产值的 28.54%，比 1978 年的 14.98% 增长了 13.56%，比 1952 年的 11.21% 增长了 17.33%。此外，在这一阶段，我国畜禽养殖生产的优势产区日益明显，区域化畜禽养殖生产格局初步形成（司智涉，2008）。

21 世纪以来，我国经济发展迅速，畜禽养殖开始走环保生产的道路，进入新的发展阶段。这个时期，畜禽养殖产值在“量”上呈波动增长的态势。2004～2016 年我国牧业、生猪总产值的变化如图 3－1 所示。由图 3－1 可知，总体来看，2004～2016 年我国牧业总产值和生猪养殖总产值整体呈波动增长的趋势。分阶段来看：（1）2004～2008 年为快速增长阶段。其中，2008 年的牧业总产值为 20583.6 亿元，比 2004 年的 12173.8 亿元增长了 0.69 倍；2008 年生猪养殖总产值为 10960 亿元，比 2004 年的 6169.6 亿元增长了 0.78 倍。（2）2008～2009 年为下降阶段。受金融危机的影响，与 2008 年相比，2009 年我国牧业总产值和生猪养殖总产值分别下降 5.42%、16.26%。（3）2009～2016 年为恢复增长阶段。其中，2016 年的牧业总产值为 31703.2 亿元，比 2009 年的 19468.4 亿元增长了 62.84%；2016 年生猪养殖总产值为 14368.5 亿元，比 2009 年的 9177.6 亿元增长了 56.56%。此外，由图 3－1 可知，2004～2016 年我国生猪养殖总产值在畜

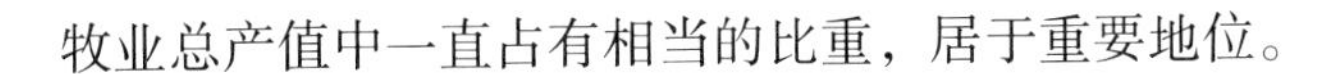
牧业总产值中一直占有相当的比重，居于重要地位。

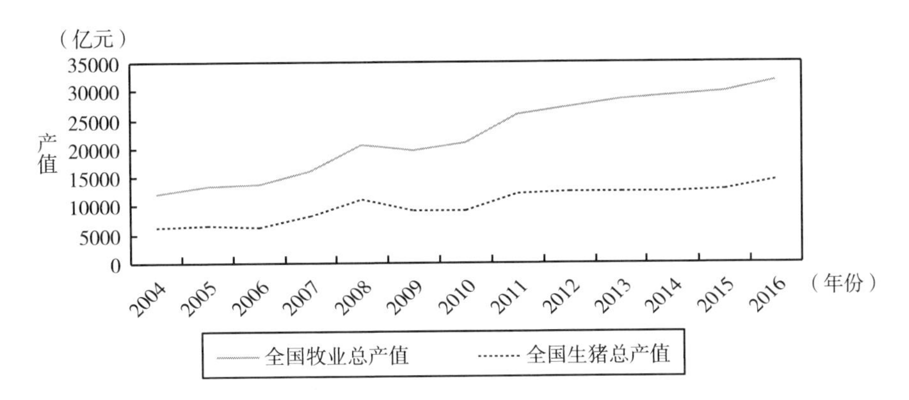

图3－1　2004～2016年我国牧业、生猪总产值的变化情况

资料来源：作者根据《中国农业年鉴》数据整理而得。

不仅如此，21世纪以来，人们的生活水平不断提高，对牲畜产品的需求也由“量”向“质”转变，加之相关政策对畜禽养殖发展的支持，我国以生猪养殖为代表的畜禽养殖逐渐朝集约化和规模化方向发展。具体而言，2007～2017年我国不同规模生猪养殖户在生猪养殖户总数中的占比变化情况如图3－2所示。由图3－2可知，相对而言，2007～2017年我国生猪养殖规模在50头以下的养殖户的占比最大，其次为养殖规模在50～500头户数的占比，养殖规模在500头以上户数的占比最小。但从三类养殖户在总养殖户中的占比变化趋势来看，2007～2017年我国生猪养殖规模在50头以下养殖户的占比明显呈下降态势，占比由2007年的97.27%下降至2017年的94.63%，下降了2.71个百分点；相反，2007～2017年我国生猪养殖规模在50～500头、500头以上养殖户的占比均呈增长的趋势。其中，养殖规模为50～500头养殖户的占比由2007年的2.57%增长至2017年的4.80%，增长了86.77个百分点；养殖规模为500头以上养殖户占比由2007年的0.15%上升至2017年的0.57%，增长了2.33倍。由此可知，21世纪以来，尽管我国生猪养殖以散养户为主、规模户为辅，但随着国家政策的支持和人们需求的变化，生猪散养户的主导地位正在降低，而规模户的地位日益凸显。

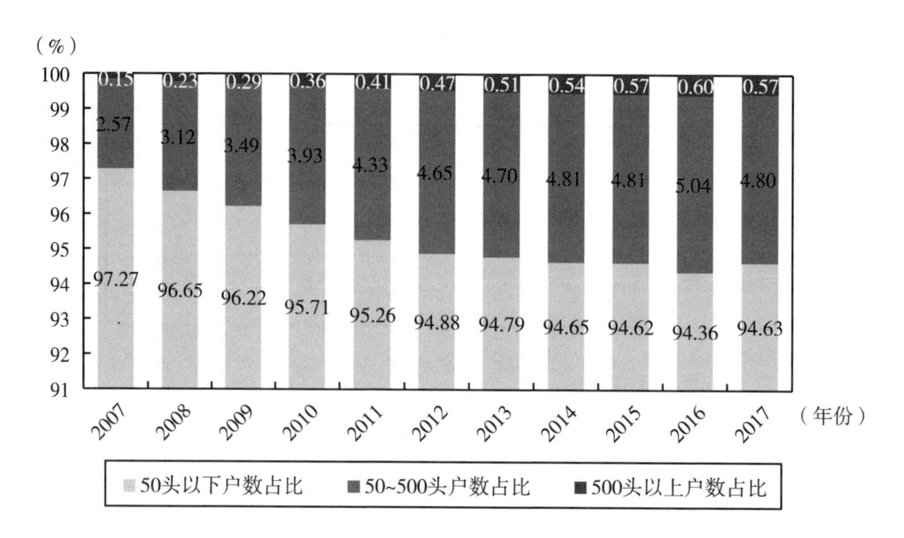

图 3-2 2007~2017 年我国不同规模生猪养殖户的比例变化情况

资料来源：作者根据《中国畜牧兽医年鉴》数据整理而得。

3.1.2 我国畜禽养殖清洁生产的历史沿革

近年来，我国畜禽养殖集约化、规模化发展迅速，与此同时，畜禽养殖导致的环境污染问题日益加剧，环境保护面临着巨大挑战，因此，大力发展畜禽养殖清洁生产是减少环境污染、促进畜禽养殖绿色发展的必要途径。在我国，畜禽养殖清洁生产是生态环境保护的产物，符合我国可持续发展的方针政策。综合来看，我国畜禽养殖清洁生产经历了三个发展阶段，分别为萌芽阶段（2000 年以前）、探索阶段（2000~2010 年）和发展阶段（2011 年至今），各个阶段的畜禽养殖清洁生产具有不同的发展特征。

3.1.2.1 萌芽阶段（2000 年以前）

纵观我国历史，畜禽养殖环保生产由来已久。远在古代养殖业和种植业兴起时期，为了增加粮食种植产量，促进种植业的发展，人们将畜禽养殖粪污加以肥料利用，体现了我国早期的畜禽养殖清洁生产理念。例如，

《氾胜之书》记载着畜禽养殖粪污作为肥料具有改良土壤、增加粮食产量的重要作用；《齐民要术·卷端杂论》详细介绍了“踏粪法”，即畜禽养殖粪污堆肥利用法，指出此方法可以提高土壤肥力，增加粮食产量，还可以减少粪污引起的环境污染（马万明，1984）。在我国明清时期，相关史料强调，粪肥法应该因时、因土、因物而异，要遵循自然规律。早期畜禽养殖粪污的肥料利用理论及实践孕育了我国畜禽养殖清洁生产的思想，为我国近现代清洁生产思想萌芽的形成奠定了基础。

近代时期，在内忧外患的时代背景下，我国畜禽养殖清洁生产的发展较为缓慢。而从中华人民共和国成立到20世纪末，我国逐渐引入国外的可持续发展理念，生态环境保护日益成为我国社会各界关注的热点。具体而言，在这个阶段，世界上其他国家畜禽养殖污染事件频发，如荷兰南部粪污硝酸盐污染事件、日本畜牧公害事件、法国畜禽粪污水污染事件等，这些事件引起了各国对畜禽养殖环保生产的重视，也于20世纪后30年引起了我国对环境污染问题的关注。我国政府开始为工业等领域进行清洁生产立法，这加快了我国畜禽养殖清洁生产萌芽的形成。1973年，我国通过了首部环境保护综合性法规，此法规的内容体现了“预防为主、防治结合”的清洁生产理念；针对工业领域，我国还进行了解决“废水、废气、废渣”等清洁生产技术革新，并先后制定了《中华人民共和国节约能源法》《中华人民共和国环境保护法》等法律。除了对工业等领域的改革，我国也开始对有机畜牧业进行了探索，曾针对畜禽养殖环境污染问题，相继出台了粪污环保处理、兽药科学应用、养殖场建设等相关的政策文件。这段时期，绿色养殖生产模式逐渐成为畜禽养殖的发展方向。

3.1.2.2　探索阶段（2000～2010年）

21世纪以来，伴随有机畜牧业的发展和工业等领域清洁生产实践的开展，环保型畜禽养殖生产技术日益受到国家政府等社会各界的重视。为了加快畜禽养殖清洁生产的发展，政府开始制定相关政策、呼吁养殖户转变生产模式，开始了对畜禽养殖清洁生产的探索阶段。这一时期，探索畜禽养殖清洁生产发展的特点和成果是：国家在法律上确立了这一生产模式的合理性，同时从宏观政策、资金、科技和技术研发等层面予以大力支持，推动各地对畜禽养殖清洁生产的实践。

我国政府于2005年通过首部以规范、保障和促进畜牧业健康持续发展的名为《中华人民共和国畜牧法》的法律。这标志着我国正式进入依法推动畜禽养殖清洁生产的阶段。一方面，我国通过宏观政策，针对畜禽养殖场的选取与建设、饲养技术和粪污处理技术等相继出台了一些政策文件。例如，2001年出台的《畜禽养殖污染防治管理办法》、2006年出台的《国家农村小康环保行动计划》、2010年出台的《畜禽养殖产地环境评价规范》等。另一方面，国家通过资金支持，鼓励标准养殖小区建设，推动农村地区畜禽粪污制沼气工程的建设。例如，2007年约0.6亿元资金被用于沼气工程建设（李淑兰和邓良伟，2008）。不仅如此，国家通过科技和技术研发支持，对相关科研项目进行资助，以促进相关清洁生产技术的研发和应用。例如，国家资助了“十一五”国家科技支撑计划项目、计划重点和重大项目中一批与畜禽养殖清洁生产研发相关的研究课题。在探索阶段，以厌氧消化技术、还田技术等为代表的粪污资源化利用技术、科学环保饲养技术等清洁生产技术得到了一定程度的发展。

3.1.2.3 发展阶段（2011年至今）

不同于萌芽阶段和探索阶段，我国畜禽养殖清洁生产的发展阶段具有典型的特征：畜禽养殖清洁生产的内容得以丰富；我国畜禽养殖清洁生产受到了法律法规的支持，并在国内全面展开，取得了一定的成效；初步建立了畜禽养殖清洁生产的部分标准。具体来看，伴随着畜禽规模养殖的推进，养殖污染问题也较为凸显。正如董金朋等（2018）指出的那样，推行清洁生产是缓解规模养殖引起环境污染、食品安全问题的主要途径，是促使畜禽养殖与环境协调发展的关键举措。为此，国家在政策、资金方面加大了支持力度，畜禽养殖清洁生产技术水平不断提高，畜禽养殖生产逐渐形成了产前减投、产中控制、产后再利用三管齐下的清洁生产发展模式。不仅如此，畜禽养殖清洁生产的内容更加丰富，包括饲养管理、粪污治理、标准猪场建设、场舍选址等内容。此外，畜禽养殖清洁生产技术创新也获得了一定的成果，粪污治理取得了阶段性成效。据《人民日报》(2019)报道，2019 年，我国畜禽粪污综合利用率、规模养殖场粪污处理设施装备配套率分别高达 70% 、63%[①]。

需要指出的是，尽管我国畜禽养殖清洁生产在这一阶段成效显著，但进一步推动畜禽养殖清洁生产的发展，推动种养结合、农牧循环的发展新格局，还需进一步规范养殖户行为，提高相关技术创新水平以及畜禽粪污资源化利用水平，推动养殖污染防治朝重全量利用方向发展，这也意味着，我国畜禽养殖绿色发展任重而道远。

3.1.3 我国畜禽养殖清洁生产的发展趋势

21 世纪以来，我国畜禽养殖清洁生产的发展趋势主要有以下三方面的特点。

一是相关清洁生产技术不断进步。清洁生产技术的推广和应用是解决养殖污染问题的根本。在国家政府日益重视畜禽养殖清洁生产的背景下，我国已经形成了末端粪污资源利用为主、源头投入减量和过程污染防控为辅的畜禽养殖新格局。其中，末端粪污资源利用技术以无害化处理和资源化利用为原则，包括病死牲畜无害化处理技术，粪污还田技术、制沼气技术、制有机肥技术、制有基质技术、制饲料技术等；源头投入减量和过程污染防控类技术以减量化、无害化和生态化为原则，但其发展相对薄弱，包括；合理规划养殖场、种养结合技术、节水技术、环保饲养技术、优良品种技术等。

二是养殖污染治理涉及环保投入、环保设施建设等多方面。一直以来，我国尤为关注畜禽粪污给环境带来的压力，重视畜禽养殖污染治理，较为忽视养殖过程中环保投入以及绿色设施建设（董金朋等，2018）。结果是，尽管我国一定程度上缓解了畜禽养殖生产对环境造成的污染以及对

① 全国畜禽粪污综合利用率达 70% ［N］. 人民日报，2019 - 4 - 8.

人类健康的威胁，但全面解决畜禽养殖引致的环境问题仍然是一个艰巨任务。随着国家政府与社会各界对畜禽养殖认知的不断深入，我国对畜禽粪污治理由只关注粪污资源利用逐渐转向同时关注粪污治理、环保投入、环保设施建设多措并举的养殖和管理模式。

三是畜禽养殖的激励、惩罚等政策和措施多措并举。具体来看，一方面，国家政府不断激励、支持畜禽养殖清洁生产实践，例如，标准化规模养殖补贴、清洁生产设备购买补贴、畜禽良种补贴、畜禽保险和技术支持政策等。这些政策文件的内容包括规划禁养区、约束兽药管理、加强动物防疫、环保处理病死猪等。另一方面，国家加大对畜禽禁限养、粪污处理等惩罚管理。具体表现为，依法确定禁养区，严重惩罚违反要求的行为，且相关惩罚政策措施正在不断完善；加大对粪污处理、病死猪处理、固液废弃物处理的监管力度，禁止一切非环保处理行为，且“排污许可证”等政策措施也在不断完善。

总体来看，我国出台了促进畜禽养殖清洁生产的有效措施，并取得了一定成果，但不可否认的是，仍需进一步推进畜禽养殖污染治理工作。首先，目前我国畜禽养殖清洁生产相关的法律法规还有待进一步完善和确立。我国地理环境复杂，各省具有不同的畜禽养殖特点和现状，畜禽养殖清洁生产激励措施和惩罚政策还需进一步与各省的实际情况相匹配，地方政策法规还有待进一步落实。其次，政府自上而下政策和法规是约束规模养殖户相关行为的主要力量，畜禽养殖清洁生产的实践还需要激发养殖户个体自我约束和他人监督管束等社会规范的引导，然而目前社会规范的作用并未受到应有的重视，且各省还未建立具有地方特点的社会规范软约束机制。再次，我国畜禽养殖正朝规模化和集约化方向发展，但现有的清洁生产技术的适用性仍有待进一步提高，相关创新型技术较为缺乏，畜禽养殖清洁生产的完整技术体系尚未建立。最后，目前我国畜禽规模养殖清洁生产的体系建设还不完善，与发达国家相比，仍存在一定的差距；由地方到国家的一套完整的清洁生产技术标准还未建立，对清洁生产的独立的审核和审计程序还存在不足。

3.2 畜禽养殖清洁生产政策、措施和推广现状

3.2.1 数据来源与样本描述

3.2.1.1 调查地点

湖北省地处我国中部，拥有丰富的光照、水等自然资源。湖北省的生猪养殖历史悠久，是我国生猪养殖大省之一。《中国农业年鉴》的统计资料表明，湖北省2016年末生猪存栏量高达0.243亿头，位居全国第六位。响应国家生猪规模养殖的号召，湖北省生猪规模养殖发展迅速。《湖北统计年鉴》的数据表明，2002～2016年，全省50头及以上生猪养殖规模户由2.146万户增长至10.225万户，年均增长率高达11.80%。为了解湖北省规模养殖户畜禽养殖清洁生产参与情况，2018年7～8月，课题组赴鄂东地区的武汉市、黄冈市和咸宁市，鄂中地区的荆门市、荆州市和襄阳市以及鄂西地区的宜昌市、恩施市和十堰市开展入户调查，调查对象为年出栏量大于等于30头的生猪规模养殖户。

在实际调查阶段，考虑到该省的生猪养殖现状、本书的研究目的和可行性等因素，课题组应用随机抽样法进行实地调查。具体步骤为：首先，对鄂东、鄂中和鄂西地区随机选取三个地级市作为调查市区；其次，在各个地级市随机选取2～4个县，进一步缩小调查范围；最后，课题组成员从地方政府等部门获得年出栏量大于等于30头的规模养猪户名单，在每个县随机抽取20～40个生猪养殖户作为调查对象①。随机抽取的九市为鄂东地区的武汉市、黄冈市和咸宁市，鄂中地区的荆门市、荆州市和襄阳市以及鄂西地区的宜昌市、恩施市和十堰市。九市是湖北省鄂东、鄂中和鄂西的主要生猪养殖区，2018年《湖北统计年鉴》的统计资料表明，九市2017

① 需要指出的是，少部分市县因遇上环保督察或其他特殊情况，实际调查的规模养猪户数量较少。

年末生猪存栏总量高达0.204亿头，占全省当年生猪总存栏量0.258亿头的79.15%。因此，调查小组通过实地调查获得的样本具有代表性。最终，此次调查共获取问卷727份，不考虑关键信息遗漏等问卷16份，适合本书的问卷共有711份，问卷有效率为97.80%。其中，鄂东、鄂中和鄂西的有效问卷数量分别为216份、133份和362份，分别为有效样本的30.38%、18.71%和50.91%。

3.2.1.2 调查过程与内容

为提高实地调查所获数据的准确性，在设计问卷时，我们阅读了大量文献和政府资料，精心设计调研问卷，并对问卷内容进行了多次修改。问卷初步设计好后，我们多次组织课题组成员针对问卷内容开展讨论并加以完善，我们还邀请湖北农村发展研究中心以及华中农业大学多名专家学者对问卷进行修改，并初步形成定稿。正式调研前，我们组织课题组成员对样本区进行了预调研，并根据预调研结果进一步完善了问卷内容，以确保问卷设计合理、可行性，最终获得了定稿问卷。

定稿问卷主要包括以下内容：(1) 基础设施信息，主要包括所在村废弃物处理设施情况、有线网络情况，家与村委会的距离情况等。(2) 个人和家庭基本信息，个人信息包括性别、年龄、受教育年限等，家庭基本信息包括家庭总人数、劳动力人数、土地经营规模、家庭年收入等。(3) 生猪养殖信息，包括养殖年限、养殖规模、养殖收入、养殖成本、猪场位置情况、技术培训状况、受访家庭清洁生产技术采用意愿和采用行为情况等。(4) 受访者认知信息，包括清洁生产技术认知、技术采用风险认知、政府政策认知、法律法规认知等。(5) 调查地环境污染处罚力度情况、行为奖励程度、他人监督情况、与他人互动情况等。(6) 个人幸福感以及主观认知情况等。

课题组成员由华中农业大学经济管理学院的老师、博士、硕士等组成。在开展实地调研前，多次对课题组成员进行了专业培训，提高其对定稿问卷的熟悉程度以及对调研的认知程度。实地调研时，采用"一问一答"面对面访问形式开展问卷调查，课题组成员大多都多次参与调研，经验丰富，用易懂的语言对受访者进行提问，并认真、及时地将受访者回答的内容记录下来，确保问卷信息的真实性。

3.2.1.3 调查样本的统计分析

1. 受访规模养殖户的特征统计

表3-1汇报了受访者的个人特征情况。不难发现，受访者以男性为主，占有效样本的91.42%。年龄在40~50岁的受访者占比最大，高达46.84%，其次为年龄在50~60岁的占比，为29.96%，年龄在40岁及以下的占比和60岁以上的占比均较低，分别为19.27%、3.93%。这表明，中青年是湖北省生猪规模养殖的主力军。受访者中，具有初中教育水平的占比（43.04%）最大，紧接着是具有高中教育水平的占比，为27.57%，而具有小学或没有教育经历的受访者、具有大学教育水平的受访者占比均不高，分别为23.63%、5.76%。这说明，调查样本的受教育水平整体不高，尽管大部分养殖户拥有一定程度的文化水平，但拥有高等教育水平的受访者极少。90.86%的受访规模养殖户的健康水平良好，只有9.14%受访规模养殖户的健康状况堪忧。

表3-1 受访者特征统计分析

受访者个人特征	类别	人数	比重（%）
性别	男性	650	91.42
	女性	61	8.58
年龄	40岁及以下	137	19.27
	40~50岁	333	46.84
	50~60岁	213	29.96
	60岁以上	28	3.93
受教育年限	6年及以下	168	23.63
	7~9年	306	43.04
	10~12年	196	27.57
	13年及以上	41	5.76
健康状况	很差	29	4.08
	比较差	36	5.06
	一般	290	40.78
	较好	286	40.23
	比较好	70	9.85

资料来源：作者根据实地调研数据整理而得。

2. 受访养殖户家庭特征统计

表3－2报告了受访规模养殖户的家庭特征情况。不难发现，91.98%的受访家庭劳动力人数在4人及以下，而劳动力人数在5人及以上的受访规模养殖户仅占8.02%。这说明，大部分受访规模养殖户的畜禽养殖缺少家庭劳动力。39.24%的受访家庭土地经营规模在0.53公顷以上，土地经营面积在0.27公顷及以下、0.27～0.53公顷的受访养殖户在有效样本中的占比均为30.38%。这表明，大部分受访规模养殖户的土地经营面积较大，能够消纳相当一部分畜禽养殖废弃物。43.46%的受访养殖户家庭年毛收入在10万～30万元，其次是家庭年毛收入在10万元及以下的养殖户占比37.27%，家庭年毛收入在50万元以上、30万～50万元的养殖户占比分别为10.69%、8.58%。仅26.86%受访者家中有人为干部身份，35.44%受访者家庭有成员为农民专业合作社成员。此外，43.18%的受访户是科技示范户，76.79%的受访户家中接入了移动或宽带互联网。

表3－2 养殖户家庭特征统计

家庭特征	类别	户数（户）	比重（%）
劳动力人数	4人及以下	654	91.98
	5人及以上	57	8.02
土地经营规模	0.27公顷及以下	216	30.38
	0.27～0.53公顷	216	30.38
	0.53公顷以上	279	39.24
家庭总收入	10万元及以下	265	37.27
	10万～30万元	309	43.46
	30万～50万元	61	8.58
	50万元以上	76	10.69
家中是否有人当过干部	是	191	26.86
	否	520	73.14
是否加入农民专业合作社	是	252	35.44
	否	459	64.56
是否是科技示范户	是	307	43.18
	否	404	56.82
家中是否接入移动/宽带互联网	是	546	76.79
	否	165	23.21

资料来源：作者根据实地调研数据整理而得。

3. 生猪养殖特征统计

表3－3报告了生猪规模养殖特征。不难发现，54.71%的受访者生猪养殖年限在5～15年，其次为具有5年及以下养殖年限的受访者占比（37.13%），仅8.16%的受访者生猪养殖年限超过15年。约一半受访者（51.76%）生猪存栏量在100～500头，42.33%的受访者生猪存栏量在100头及以下，而仅有5.91%受访者的生猪存栏量在500头以上。高达65.96%的生猪年出栏量在100～500头，其次为生猪年出栏量在500头及以上受访者占比（19.83%），仅14.21%受访者生猪年出栏量在30～100头。这表明，中规模养殖户居多。63.43%的养殖户生猪养殖年毛收入小于或等于10万元，生猪养殖年毛收入在10万～30万元、30万元以上的规模户占比分别为20.82%、15.75%。这表明，规模户生猪养殖年毛收入整体水平不高。

表3－3　生猪养殖情况统计

生猪养殖特征	类别	户数（户）	比重（%）
养殖年限	5年及以下	264	37.13
	5～15年	389	54.71
	15年以上	58	8.16
当前生猪存栏量	100头及以下	301	42.33
	100～500头	368	51.76
	500头以上	42	5.91
生猪年出栏量	大于等于30头且小于100头	101	14.21
	100～500头	469	65.96
	500头及以上	141	19.83
生猪养殖年收入	10万元及以下	451	63.43
	10万～30万元	148	20.82
	30万元以上	112	15.75

资料来源：作者根据实地调研数据整理而得。

3.2.2　畜禽养殖清洁生产政策和措施情况

3.2.2.1　畜禽养殖清洁生产政策分析

湖北省作为我国生猪畜禽养殖大省之一，近年来，其以生猪养殖为代表的畜禽养殖发展迅速。据 2018 年《湖北统计年鉴》的统计资料表明，2017 年湖北省的猪肉产量高达 0. 034 亿吨，与 2010 年的 0. 029 亿吨相比，增长了 18. 22 个百分点。不容忽视的是，畜禽养殖在快速发展的同时，湖北省由畜禽养殖造成的环境污染也日益显现。湖北日报（2017）的报道表明，每年湖北省的畜禽养殖的粪污产量高于 1 亿吨。因此，响应国家政府的号召，着力推行畜禽养殖清洁生产，缓解环境污染目前已成为湖北省政府和各地政府面临的主要任务之一。

湖北省对畜禽规模养殖清洁生产的推广和实施日益重视。一方面，加大对以生猪养殖为代表的畜禽养殖清洁生产的政策支持和激励力度。举例来看，2020 年颁布的《湖北省促进经济社会加快发展若干政策措施》明确提出，湖北省将扩大畜禽规模养殖贷款贴息的补助范围，加大对规模养殖户的扶持力度。据相关资料统计显示，截至 2019 年，全省对生猪养殖县的资金支持已高达 4. 2 亿元。另一方面，加强对以生猪养殖为代表的畜禽养殖污染的惩罚约束。举例来看，2014 年颁布的《湖北省畜牧条例》明确强调，要加大对病死猪不当处理的罚款力度。此外，结合湖北省以生猪养殖为代表的畜禽养殖现状和粪污处理的现实情况，省政府相继出台了一些政策以推进全省畜禽养殖清洁生产工作。举例来看，2017 年颁布的《湖北省“十三五”节能减排综合工作方案》指出，各地区应该合理规划并科学布局养殖区域；同年颁布的《湖北省畜禽养殖废弃物资源化利用工作方案》表明，湖北省应坚持以生猪养殖为代表的畜禽养殖产前投入减量、产中资源利用与污染防控双措施并举、产后资源再利用的生产模式；2015 年，湖北省政府出台的相关文件更是明确了病死牲畜环保处理方式及其主体责任。

为与省政府的相关政策保持一致，地方政府也基于各地的实际情况，积极探索并推广畜禽养殖清洁生产技术的有效措施。加大对以生猪养殖户为代表的养殖户（区）的资金支持，以激励其积极参与清洁生产。具体来看，各市不仅对畜禽粪污再利用装备购买设置了专项补贴，还实施了环保税优惠政策，而且还对符合要求的养殖户养殖占地、用电和用水等提供优惠；利用专项资金以支持规模养殖场（区）的标准改造等。不仅如此，地方市政府还合理地对违反畜禽养殖粪污管理规定的养殖户予以经济处罚。在湖北省的共同努力下，湖北省畜禽养殖清洁生产发展初见成效。据不完全估计，截至2018年底，全省畜禽规模养殖场设施配套率、畜禽粪污资源化利用率分别达72.1%、70.78%（湖北省农业农村厅，2019）。

3.2.2.2　畜禽养殖清洁生产措施分析

政府自上而下的对畜禽养殖清洁生产的政策支持是约束规模养殖户相关行为的强有力力量。然而，只有政府政策的支持，没有社会各界的参与是远远不够的。因此，发展畜禽养殖清洁生产还需要社会各界的积极参与。随着科技的发展，电视、手机等网络信息日益发达，加之各地政府加大了环境保护和生态发展的宣传力度，社会公众对清洁生产的认知水平得到提高，环保意识进一步增强。不仅如此，各地政府还利用广播或通过技术指导员等对相关法规进行宣传和解读，社会公众的法律认知水平和社会责任感也得到了极大地提高。在线下推广方面，各地政府还不定时地安排相关技术宣传的讲座或技术培训等活动，显著提高了养殖户的技术认知水平和技术实践能力。在这样的背景下，各地畜禽养殖清洁生产水平有所提升。

但是，社会各界的环保意识、社会责任感以及清洁生产实践能力的提升，并未完全形成约束规模养殖户清洁生产行为的重要力量。换言之，规模养殖户清洁生产技术采用水平还有极大的提升空间。具体而言，就规模养殖户个人层面来看，受政府宣传以及网络信息传播的影响，其社会责任感和个人道德感日益增强，但这两种对自我行为具有约束力的社会责任感和个人道德感并未对规模养殖户清洁生产行为产生内在约束力，规模养殖户对清洁生产的自主践行意识仍不足。从他人的影响层面来看，受到政府宣传以及网络信息传播的影响，社会中他人的环保意识逐渐增强，但他人的这种意识并没有成为规模养殖户清洁生产行为的重要约束力。简言之，由个人自我意识和他人言行约束等内容组成的社会规范对规模养殖户相关清洁生产行为的软约束力亟待提高。因此，各地政府需进一步开拓新的措施，社会公众及规模养殖户也需要发挥各自的力量，以充分发挥社会规范在推动畜禽养殖清洁生产实践中的作用。

3.2.3 畜禽养殖清洁生产推广现状

3.2.3.1 政府对清洁生产推广情况

图3－3汇报了畜禽粪污环保处理的政府宣传和技术培训情况。由图3－3可知，赞同政府在畜禽粪污环保处理的宣传作用和技术培训作用的受访户分别占有效样本的87.90%、78.90%，表明受访地政府的信息宣传和技术培训工作落实得较好。

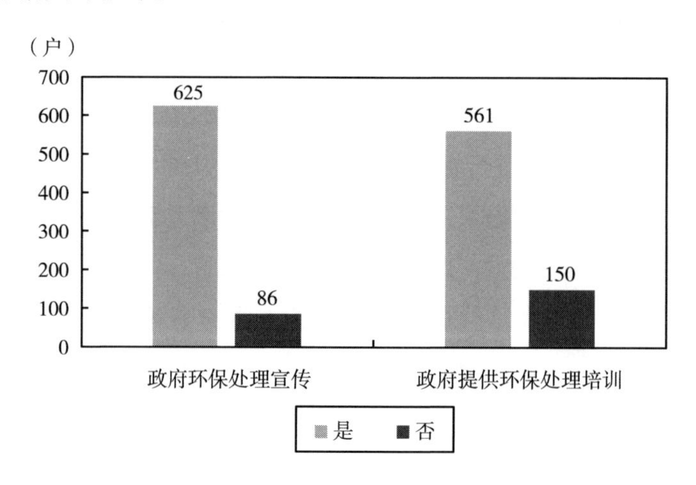

图3－3 政府对畜禽粪污环保处理的宣传和技术培训情况

资料来源：作者根据实地调研数据整理可得。

图3－4汇报了环境保护方面政府的宣传效果和宣传力度情况。由图3－4可知，赞同（包括一般、比较同意和非常同意）政府环保宣传效果好、宣传力度大的受访户分别占有效样本的94.09%、92.83%，而不赞同（包括非常不同意、比较不同意）政府环保宣传效果好、宣传力度大的受访户在有效样本中的占比均较低，分别为5.91%、7.17%，表明受访地政府对环境保护的宣传效果和宣传力度符合大部分规模养殖户的预期。

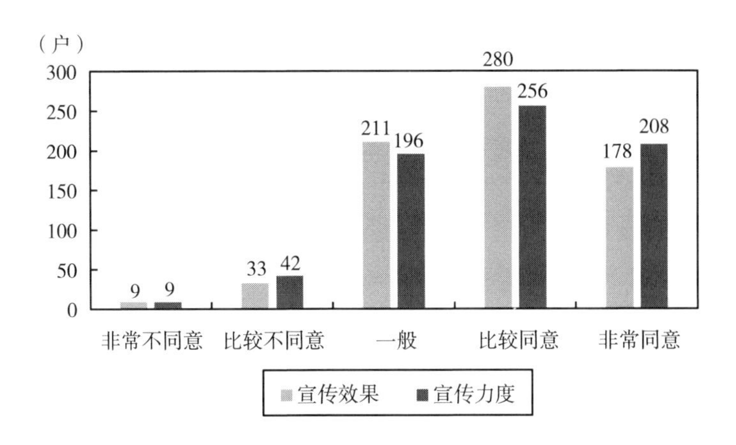

图3-4　环境保护方面政府的宣传效果和宣传力度情况

资料来源：作者根据实地调研数据整理可得。

3.2.3.2　规模养殖户接受清洁生产推广情况

图3-5汇报了近三年受访户参与相关技术培训情况。由图3-5可知，近三年参加过相关技术培训的受访户占比较大，为66.24%，但仍有33.76%受访者近三年未参加相关技术培训，表明受访地仍需进一步提高规模养殖户的技术培训参与率。

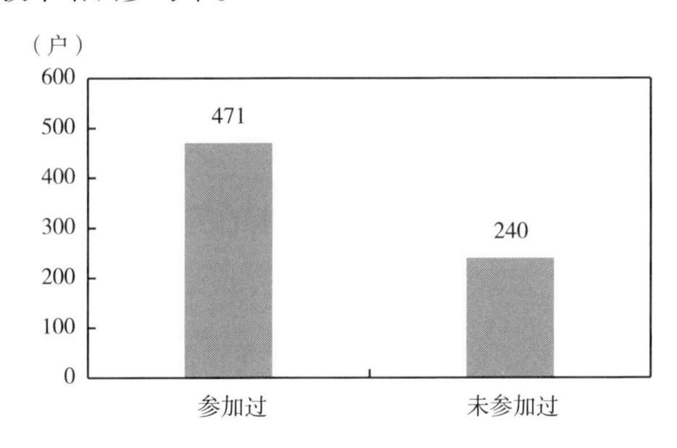

图3-5　近三年受访户参与相关技术培训情况

资料来源：作者根据实地调研数据整理可得。

图3-6汇报了受访户环保技术培训参与意愿情况。可见，愿意（包括一般、比较愿意和非常愿意）参与环保技术培训的受访户占有效样本的比例较大，为94.66%，仅有5.34%的受访户不愿意（包括非常不愿意、

比较不愿意）参与环保技术培训，说明整体来看，受访地规模养殖户对环保技术培训拥有较高的参与意愿。

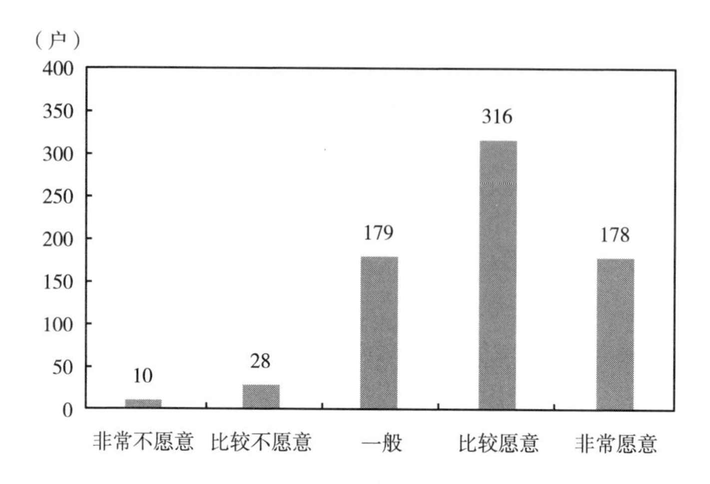

图 3-6　受访户环保技术培训参加意愿情况

资料来源：作者根据实地调研数据整理可得。

3.3　规模养殖户清洁生产认知与参与现状

3.3.1　规模养殖户对清洁生产的认知情况

3.3.1.1　规模养殖户对清洁生产技术的了解程度

图 3-7 汇报了受访户对清洁生产技术的了解程度。由图 3-7 可知，了解（包括一般、比较了解、非常了解）粪污制沼气技术、制有机肥技术、制饲料技术、种养结合技术的受访户均较多，各占有效样本的 79.18%、72.71%、66.24%、83.40%，而不了解（包括非常不了解、比较不了解）粪污制沼气技术、制有机肥技术、制饲料技术、种养结合技术的受访户均较少，各占有效样本的 20.82%、27.29%、33.76%、16.60%。比较而言，与其他技术相比，不了解粪污制饲料技术的受访户最多，而不了解种养结合技术的受访户最少。这表明受访地规模养殖户对四类技术了

解程度较高，但是仍需提高规模养殖户对四类技术，尤其是制饲料技术的了解程度。

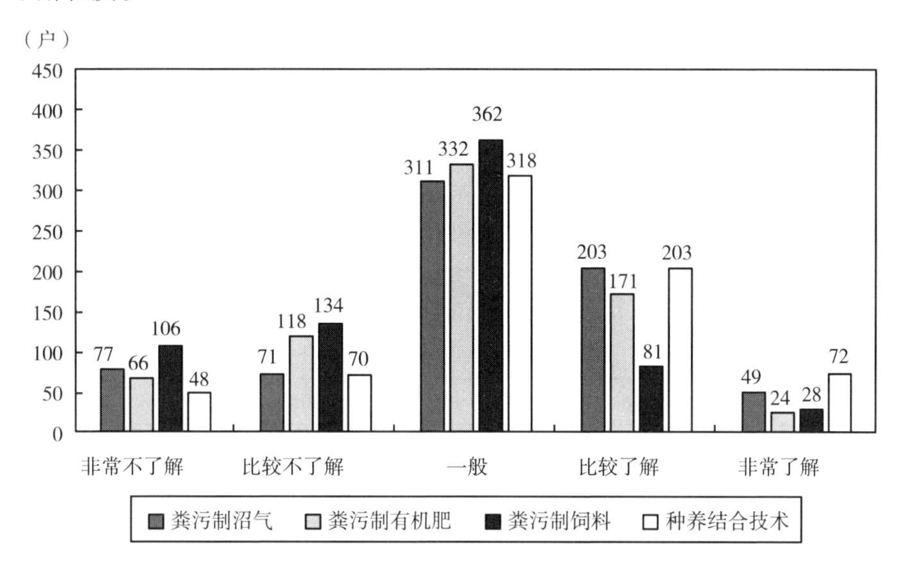

图3－7 受访户对清洁生产技术的了解程度

资料来源：作者根据实地调研数据整理可得。

3.3.1.2 规模养殖户对粪污资源化利用的作用认知

图3－8汇报了受访户对粪污资源化利用作用的认知情况。由图3－8可知，赞同（包括一般、较大、很大）粪污资源化利用在开发资源、提高收入、减少成本、提高环境质量、减少疾病传播方面有作用的受访户均较多，各占有效样本的84.11%、84.39%、84.11%、85.65%、85.94%，而不赞同（包括较小、很小）粪污资源化利用在开发资源、提高收入、减少成本、提高环境质量、减少疾病传播方面有作用的受访户均较少，各占有效样本的15.89%、15.61%、15.89%、14.35%、14.06%。这表明受访地规模养殖户对粪污资源化利用的作用认知较为深刻。

3.3.2 规模养殖户清洁生产行为意愿情况

图3－9汇报了受访户对四类清洁生产技术的行为意愿情况。由图3－9

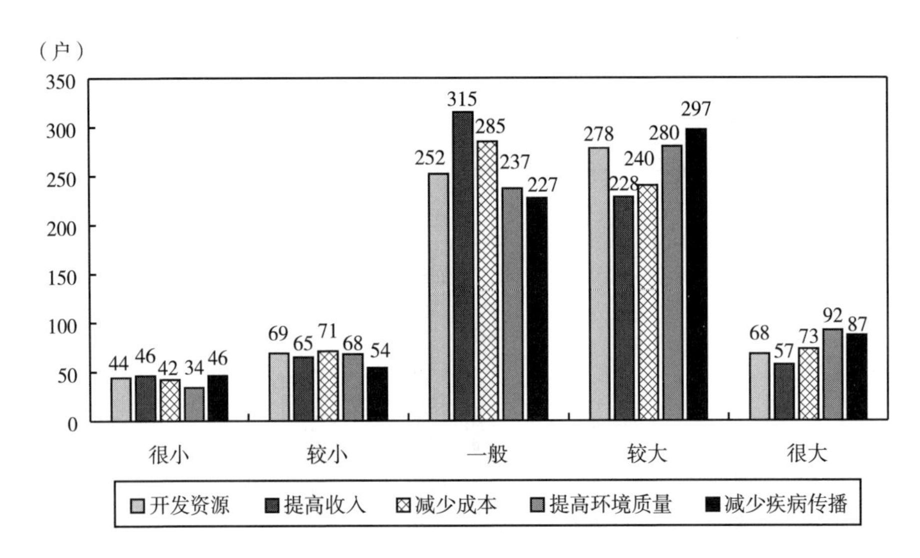

图 3-8 受访户对粪污资源化利用作用的认知情况

资料来源：作者根据实地调研数据整理可得。

可知，愿意采用粪污制沼气技术、粪污制有机肥技术、粪污制饲料技术、种养结合技术受访户在有效样本中的占比均较大，分别为 91.14%、88.19%、80.87%、89.31%，表明受访地规模养殖户对四类畜禽养殖清洁生产技术的采用意愿均较高。

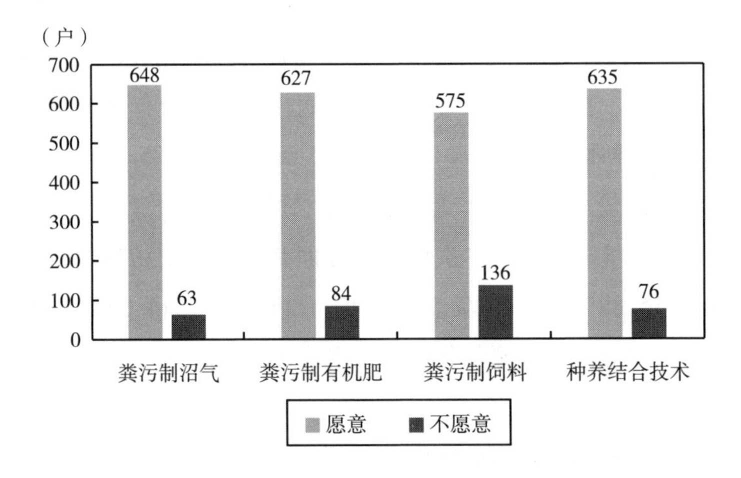

图 3-9 受访户对四类清洁生产技术的行为意愿情况

资料来源：作者根据实地调研数据整理可得。

3.3.3 规模养殖户清洁生产行为水平情况

3.3.3.1 规模养殖户清洁生产行为选择情况

图3－10汇报了受访户清洁生产行为选择情况。由图3－10可知，目前受访户对畜禽粪污的利用形式多样。其中，粪污丢弃、直接还田、制有机肥、制沼气、制饲料、制培养基、卖钱处理的受访者分别占有效样本的1.97％、50.35％、16.60％、50.63％、3.94％、2.39％、11.39％。这表明尽管受访地规模养殖户的粪污利用形式相对多样，但是主要以粪污直接还田、制沼气处理为主，而对制有机肥、制饲料、制培养基以及卖钱处理等清洁生产技术的采用很少，且仍有1.97％的规模养殖户粪污直接丢弃处理。因此，受访地政府仍需加大对制有机肥技术、制饲料技术、制培养基技术以及卖钱处理等清洁生产技术的宣传力度，需努力减少甚至杜绝规模养殖户对粪污丢弃处理的现象。

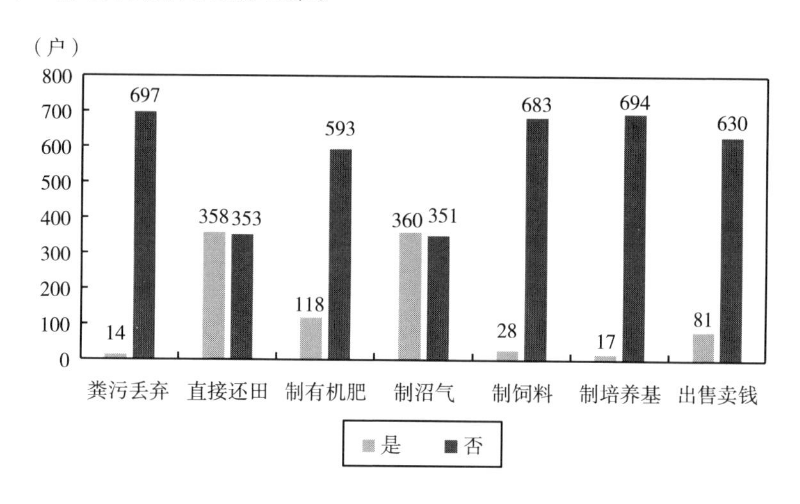

图3－10　受访户清洁生产行为选择情况

资料来源：作者根据实地调研数据整理可得。

3.3.3.2 规模养殖户清洁生产行为强度情况

生猪规模养殖户对畜禽粪污的清洁处理是当下畜禽养殖清洁生产实

践的重点和难点。通过对农村地区的了解并基于预调查的结果可知，粪污丢弃处理、直接还田、制有机肥技术、制沼气技术、制饲料技术、制培养基技术、卖钱处理是目前粪污处理的几种主要方式。基于这几类方式的环境影响程度来看，对环境影响最小的清洁程度较高的是制有机肥技术、制沼气技术、制饲料技术、粪污制培养基技术和卖钱处理；相对而言，直接还田技术尽管具有易操作、成本低的优点，但该技术需要大量与之配套的耕地（刘仁鑫等，2019），不仅如此，该技术还会由于未处理粪污中的病菌等有害物质而在一定程度上污染土壤、水等自然资源，因此该技术对环境的不利影响较大（潘丹和孔凡斌，2015）；丢弃处理不仅污染环境、威胁人类安全，还造成了粪污资源的浪费，不属于清洁生产技术。

鉴于以上对七类粪污处理技术的环境影响分析，结合规模养殖户粪污处理方式的现实选择，本书将对规模养殖户清洁生产行为强度进行量化。具体而言，当规模养殖户粪污丢弃处理或直接还田处理或二者兼有处理时，其清洁生产行为强度最低，即赋值为1；当规模养殖户粪污丢弃处理或直接还田处理或二者兼有处理的同时，还选择了其他五类中的一类或多类清洁生产技术时，其清洁生产行为强度在1的基础上有所提升，即赋值为2；当规模养殖户只选择制有机肥技术、制沼气技术、制饲料技术、粪污制培养基技术和卖钱处理中的一种或几种时，其清洁生产行为强度最高，即赋值为3。

基于以上分析，图3－11汇报了受访户清洁生产行为强度情况。由图3－11可知，面对七类粪污处理技术，清洁生产行为强度最大（为3）的受访户最多（345户），在有效样本中的占比为48.52%，清洁生产行为强度最小（为1）的受访户在有效样本中的占比紧随其后，为32.07%，而清洁生产行为强度居中（为2）的受访户（138户）在有效样本中的占比最小，仅为19.41%。这表明，目前尽管受访地的粪污处理形式多样，但仍有约三分之一的规模养殖户的清洁生产行为强度最小，换言之，针对粪污处理的规模养殖户的清洁生产行为强度仍有待进一步提高。

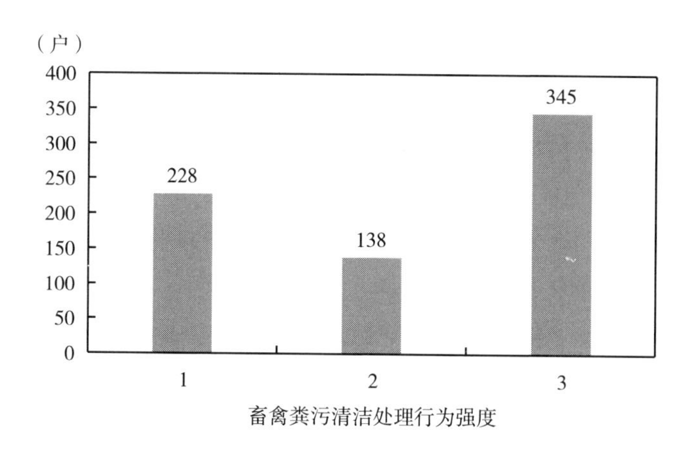

图3-11 受访户清洁生产行为强度情况

资料来源：作者根据实地调研数据整理可得。

3.4 畜禽养殖清洁生产发展存在的问题

综合以上研究可知，湖北省各级政府在推广和落实畜禽养殖清洁生产做了诸多工作，全省规模养殖户畜禽养殖清洁生产技术采用也因此获得了一定的成效，但该省的清洁生产发展情况仍需进一步提高。在政策措施方面，各级政府对畜禽养殖清洁生产的激励和惩罚政策仍有待加强，各地社会规范在推动养殖户相关清洁生产行为发生方面的约束力仍未得到充分发挥。在养殖户层面，养殖户的实际清洁生产行为水平不高，相关技术培训参与率有待提升。总体而言，基于上文分析和调研现实，本章节概括了目前湖北省畜禽养殖清洁生产发展中存在的几个问题，如下所述。

3.4.1 政府相关政策和措施有待完善

规模养殖户的畜禽养殖生产活动既具有经济效益，又具有环境的负向效应，探求清洁生产方式是解决经济与环境不一致的有效途径。但是，畜禽养殖清洁生产方式所需设备和技术的成本较高，对相对保守的规模养殖户而言并没有较高的吸引力，使得其参与其中的积极性不高。鉴于此，政府需发挥其在推动规模养殖户畜禽养殖清洁生产实践方面的激励和支持作用。

基于上文的分析可知，目前湖北省各级政府在相关设备购买补贴、技术引导、养殖场标准建设等方面对规模养殖户给予了较大的帮扶。现实是，规模养殖户的畜禽养殖清洁生产实践是一项长期工作，覆盖了产前、产中、产后等畜禽养殖的各个生产阶段，但既有的激励支持和惩罚约束政策措施并不完善，不能够涵盖整个养殖生产过程。此外，尽管省政府响应国家的号召，在不断补充和丰富相关的激励和约束政策措施，但这些措施与各地级市的实际情况有一定的差距，导致政策措施在地方实践时面临诸多问题。为此，在省政府相关政策措施的引导下，各地级市应因地制宜地制定出一套符合地方实际的细化的促进畜禽养殖清洁生产实践的政策法规。

不仅如此，当下政府以自上而下的形式推动畜禽规模养殖清洁生产技术的实践工作，但现实情形极为复杂，这种单一的推广模式不能满足不同特征养殖户的多样化需求；另外，现有的清洁生产技术推广工作仍存在不足，规模养殖户相关清洁生产技术认知不足。正如上文分析结果显示，仍有 33.76% 的受访者近三年未参加相关技术培训，且仍有 1/3 的受访者认为政府的宣传和推广力度不足，约 1/5 的受访者认为政府未提供相关技术培训。

3.4.2 规模养殖户清洁生产认知和实际参与有限

规模养殖户清洁生产认知是畜禽养殖清洁生产实践的前提。基于上文的分析可知，不了解粪污制沼气技术、制有机肥技术、制饲料技术和种养结合技术受访户仍在有效样本中占有相当的比例，且仍有少部分受访户对粪污资源化利用在开发资源、提高环境质量等方面的作用认知不足。可见，规模养殖户的畜禽养殖清洁生产认知仍有待进一步提高。

规模养殖户清洁生产的实际参与是畜禽养殖清洁生产实践的关键。然而，基于上文对实地调研数据的分析可知，尽管受访地规模养殖户的粪污利用形式相对多样，但是主要以粪污直接还田、制沼气处理为主，而对制有机肥、制饲料、制培养基以及卖钱处理等清洁生产技术的采用很少，且仍有 1.97% 的规模养殖户粪污直接丢弃处理。不仅如此，仍有约 1/3 的规模养殖户的清洁生产行为强度最小，换言之，针对粪污处理的规模养殖户的清洁生产行为强度仍有待进一步提高。

鉴于此，湖北省政府仍需加大对清洁生产技术的宣传力度，提高规模养殖户对清洁生产技术的认知水平，增强其清洁生产参与的积极性和自觉性，降低规模养殖户非清洁生产行为的发生，进而提升其清洁生产行为水平。

3.4.3　畜禽规模养殖清洁生产的社会约束不足

畜禽养殖不只关乎规模养殖户的生计，其环境负外部性还与其他居民的生活密切相关。为约束规模养殖户畜禽养殖生产行为，政府政策及法规是其行为约束的主力。此外，规模养殖户的社会性，使得其相关行为还应受自我约束、社会和他人的监督。然而，通过实地调研，我们发现，调研地以个体社会责任感和道德感以及社会他人言行与监督为主要内容的社会规范确实存在，但与政府政策法规和措施具有的强约束力不同，社会规范并没有成为推动规模养殖户畜禽养殖清洁生产实践的推力。

鉴于此，应继续鼓励公众通过电视、手机、电脑、广播等渠道进一步关注清洁生产相关信息，深入对清洁生产的了解；借助环保教育和技术培训等活动，提高公众对畜禽养殖清洁生产的认知和实践能力；应采取措施，激励规模养殖户自觉采用畜禽养殖清洁生产，提高社会他人对规模养殖户相关行为的监督力度，进而强化社会力量在推动畜禽养殖清洁生产中的作用。

3.5　本章小结

本章介绍了我国畜禽养殖清洁生产的发展历史和趋势，概述了数据来源和样本特征，阐述了湖北省政府推行的相关政策措施，明晰了规模养殖户的清洁生产认知情况、行为意愿情况、行为水平情况，概括了湖北省畜禽养殖清洁生产发展中存在的问题。

本章的主要结论：从认知层面来看，受访户对清洁生产技术了解程度较高，且超过 70% 的受访户对政府清洁生产技术推广的评价较高并具有技术培训参与意愿，超过 80% 的受访者认识到了粪污资源化利用的多种作用，受访者对清洁生产技术的采用意愿较高。从实际行为层面来看，受访户粪污利用形式主要以粪污直接还田、制沼气为主，而选择其他四类清洁处理方式的规模养殖户极少；受访户清洁生产行为强度亟待提高。湖北省畜禽养殖清洁生产发展中存在的问题包括：政府相关政策和措施有待完善，规模养殖户清洁生产认知和实际参与有限，畜禽规模养殖清洁生产的社会约束不足。

环境规制与社会规范的测度与解析

前一章主要介绍了我国畜禽养殖清洁生产的发展历史和发展趋势，分析了湖北省畜禽养殖清洁生产现状、规模养殖户清洁生产认知与参与现状以及畜禽养殖清洁生产发展中存在的问题。结果发现，需进一步完善政府激励等政策，进一步加强社会规范对规模养殖户行为的引导。那么，对畜禽养殖清洁生产具有约束力的环境规制水平和社会规范水平是怎样的？为解答此问题，本章将在理解环境规制和社会规范含义的基础上，通过借鉴既有研究成果，构建环境规制、社会规范的二级指标体系；基于调研数据分析，运用主成分分析法（PCA），测度环境规制、社会规范的二级指标，并归纳二者的特征，比较不同样本组的环境规制、社会规范指标特征差异，以铺垫于后面章节的实证分析。

4.1 环境规制与社会规范的指标体系

4.1.1 指标构建原则

合理构建环境规制、社会规范的二级指标是深入理解二者概念的基础与前提。为了科学、合理地构建环境规制、社会规范的二级指标，提高指标的实用性，本章将根据全面性、系统性、可得性、明确性和可比性原则对环境规制、社会规范的二级指标进行构建。对这些原则的具体解释如下所示：

（1）全面性。由于环境规制、社会规范被广泛应用于不同的学科领域，二者常常被不同学者定义了不同的概念，进而使得其含义涉及多个方面。鉴于此，构建环境规制、社会规范的二级指标时，需要基于所获数据，全面考虑既有研究对二者的不同定义，多维度、多角度、科学地构建两者的二级指标，以使其含义尽可能得到全面的反映。

（2）系统性。系统性原则指的是构建环境规制、社会规范的二级指标时，要考虑整个所构指标系统具有完整性和系统性的特点，换言之，要既见森林，又见树木。具体而言，应确保构建的二级指标之间既具有内在逻辑关系（即相互统一），又相互有所不同（即相互独立），从而使得环境规制、社会规范的二级指标的内容既各有侧重，又相对完整。

（3）可得性。可得性原则指的是构建的环境规制、社会规范的二级指标要有相应的数据支撑，不可成为空中楼阁。具体而言，构建环境规制、社会规范的二级指标时，应尽可能使得所构二级指标可以用已获数据或已有数据进行支撑，避免所构二级指标无数据衡量，目的是确保指标分析具有可操作性以及环境规制、社会规范指标体系的有效性。

（4）明确性。明确性原则指的是构建的环境规制、社会规范的二级指标要清晰明了，不能模糊定义这些指标，还应该避免各个二级指标之间的内容和特点相互糅合、相互渗透。不仅如此，应该尽可能避免所构二级指标的内容之间相互包容。遵循明确性原则的目的是确保所构的二级指标具有清晰的定义且层次分明，提高环境规制、社会规范指标体系的信度和效度。

（5）可比性。可比性原则指的是在构建二级指标时，应确保同一级别的指标在量上具有可比性，这对所获数据的单位统一有了较为严格的要求。因此，在构建环境规制、社会规范的二级指标时，本书尽量在已获数据的基础上，选取具有统一口径且内容和范围保持一致的数据衡量环境规制、社会规范的二级指标。

4.1.2 指标体系构建

4.1.2.1 环境规制指标体系构建

当下，政府日益关注环境污染问题，且环保政策的实施日益趋紧。正如张倩和姚平（2018）指出的那样，政府主导的环境规制措施是减少环境污染的关键。目前，学者们针对环境规制的相关研究内容较为丰富，涉及多个学科的不同研究领域，并得到了“污染天堂效应”“双重红利说”等研究成果。正如“2. 1. 1 环境规制”所述那样，本书的环境规制是指政府实施的一系列以减少污染物排放为目的的措施手段、条款文件以及政策法规的统称，且仅限于政府是环境规制的实施主体；实施手段既涵盖了具有强制性特点的政策法规，也包括具有引导性的市场机制措施，旨在约束个体等的不当行为。

纵观现有研究，学术界对环境规制指标体系构建仍未达成统一标准，且学者们对环境规制强度的测度尚未达成一致意见。不可否认的是，多数学者（如程都和李钢，2017）均在环境规制概念的基础上，综合研究目的和研究内容，构建环境规制的指标。正如张成等（2011）指出的那样，通常环境规制的实施主体是国家政府等，受激励和惩罚的是个人、组织或企业。综合现有研究，有学者（如程发新和孙雅婷，2018）根据环境规制政策实施的内容差异，构建了强制型环境规制、激励型环境规制两个二级指标，或构建了约束型环境规制、激励型环境规制两个二级指标（徐莉萍等，2018）；也有学者（如薄文广等，2018）根据环境规制政策实施的特点，构建了命令型环境规制这个二级指标。针对环境规制的指标测度，李钢和李颖（2012）、张学刚（2020）等的研究大多用了三种方法，包括定性指标直接衡量法、定量指标直接测度法、多个定量指标综合测度法。

基于以上分析和既有数据的特点，本书采用多个定量指标综合测度法对环境规制进行测度。借鉴程发新和孙雅婷（2018）、韩国高和邵忠林等

(2020)的研究，结合本书对环境规制的定义，本书从政府政策法规和措施的内容差异出发，构建了以奖励和表彰为主要内容的激励型环境规制、以惩罚和批评为主要内容的监督型环境规制两个二级指标，前者以激励清洁生产行为为目的，后者以约束养殖污染行为为目标。表4－1汇报了两个二级指标的表征题项特征。

表4－1　　环境规制的指标构建与特征

指标	题项（代码）	赋值	均值	标准差
激励型环境规制	政府对环境保护行为的荣誉表彰效果很好（HZ1）	1～5：非常不同意～非常同意	3.641	0.946
	法律法规对环境保护行为的经济奖励效果很好（HZ2）	1～5：非常不同意～非常同意	3.623	0.931
监督型环境规制	政府对环境污染行为的批评教育效果很好（HZ3）	1～5：非常不同意～非常同意	3.724	0.904
	法律法规对环境污染行为的经济惩罚效果很好（HZ4）	1～5：非常不同意～非常同意	3.702	0.949

具体而言，激励型环境规制通过物质鼓励或精神激励等引导个体的清洁生产行为，以促进环境质量改善。陈喜庆和孙健等（2006）指出，激励措施是一种极为普通的引导个体环保行为的途径，可以凭借认可和荣誉等精神激励、经济和职位等物质激励引导个体相关行为的发生。个体作为激励型环境规制的引导对象，其对激励型环境规制的主观认知在一定程度上反映了激励型环境规制的水平。因此，本书用“政府对环境保护行为的荣誉表彰效果很好”“法律法规对环境保护行为的经济奖励效果很好”两个题项来表征激励型环境规制。

监督型环境规制通过物质处罚和精神惩罚等约束个体的环境污染行为，以缓解环境污染。陈光潮和邵红梅等（2004）研究指出，监督型措施具有强制性的特点，通过否定、惩罚等措施威胁个体既得利益，从而对个体的行为起到约束作用，最终达到既定的效果。个体作为监督型环境规制的惩罚对象，其对监督型环境规制的主观认知在一定程度上反映了监督型环境规制的水平。因此，本书用“政府对环境污染行为的批评教育效果很好”“法律法规对环境污染行为的经济惩罚效果很好”两个题项来表征监督型环境规制。

4.1.2.2　社会规范指标体系构建

正如埃里克森（2003）等所言，一定血缘、地缘等基础下由社会公众力量形成的社会规范，可以约束个体行为，是影响环境保护行为的重要因素，也是环境治理可以凭借的重要力量。阿克洛夫（Akerlof，1980）和威廉姆森（Williamson，2000）等研究指出，区别于法律法规等措施的强制性特点，社会规范是无形的社会嵌入，具有非强制性特点，但对个体行为的影响不可小觑。

纵观现有研究，社会规范已经被应用于哲学、法学、心理学等多个学科。但总体而言，学术界对社会规范指标体系构建并没有形成统一标准，且学者们对社会规范强度的测度尚未达成一致意见。不可否认的是，多数学者（如陈英和等，2015）均在社会规范概念的基础上，综合研究目的和研究内容，构建社会规范的指标。纵观现有研究，有学者借鉴社会规范的广义概念，认为社会规范是个人主观认知包括（内疚、后悔等负面情感以及道德感等正面情感）以及他人言行对个人行为进行的约束和引导（Young，2015；张福德，2016）。郑馨等（2017）将社会规范分为公众认可、媒体宣传、社会尊重三个二级指标，以社会约束的主体差异为划分标准。

基于以上分析和既有数据的特点，本书采用多个定量指标综合测度法对社会规范进行测度。借鉴张福德（2016）、郑馨等（2017）研究，结合本书对社会规范的定义，本书从社会规范的广义概念出发，构建了以社会责任感为主要内容的社会责任规范、以个人道德感为主要内容的个人道德规范、以他人认可为主要内容的公众认可规范、以他人行为约束为主要内容的群体行为规范四个二级指标。前两者是个体自我制裁的具有稳定性和持续性特点的个体规范，后两者是他人言行约束的具有暂时的、非持续性特点的群体规范。表4－2汇报了四个二级指标的表征题项特征。

表4-2 社会规范的指标构建与特征

指标	题项（代码）	赋值	均值	标准差
社会责任规范	为保护生存环境，我有责任对废弃物进行环保处理（SF1）	1~5：非常不同意~非常同意	4.023	0.815
	保护环境是因为我感觉自己必须这么去做（SF2）	1~5：非常不同意~非常同意	3.868	0.893
个人道德规范	保护环境会让我有一种满足感（SF3）	1~5：非常不同意~非常同意	3.761	0.929
	污染环境会让我有一种罪恶感（SF4）	1~5：非常不同意~非常同意	3.805	0.886
公众认可规范	保护环境会让我受到其他村民的表扬与尊重（SF5）	1~5：非常不同意~非常同意	3.819	0.937
	保护环境是因为大家都认为我应该这么做，所以不得不做（SF6）	1~5：非常不同意~非常同意	3.707	0.884
群体行为规范	保护环境是因为别人也会这么做，所以不得不做（SF7）	1~5：非常不同意~非常同意	3.574	1.008
	环境保护行为在我们村比较普遍（SF8）	1~5：非常不同意~非常同意	3.651	1.002

具体而言，社会责任规范是存在于个人内心的一种有意识的具有内在价值的社会义务和责任感（戴昕，2019）。施瓦茨（Schwartz，1977）、许赟春和马剑虹（2003）以及加林等（Gärling et al.，2003）研究指出，这种规范反映的是个体作为社会人而存在，由此其所具有的“做正确事情”时自我责任认知，或者自我认为必须做一件事的感觉，可以从侧面反映一个个体的集体和社会价值观。因此，本书用“为保护生存环境，我有责任对粪污进行环保处理”“保护环境是因为我感觉自己必须这么去做”两个题项来表征社会责任规范这个二级指标，反映了个体因社会属性而具有的清洁生产行为发生的责任和义务感。

个人道德规范是存在于个人内心的一种内化为自我意识的伦理价值观，属于个体特性的一种（杨国荣，2014）。正如张福德（2016）和戴昕（2019）的研究所指出的那样，个人道德规范区别于社会责任规范，反映的是个体作为自然人而存在，由此其所具有的伦理价值观，可以是“做正确事情”时的道德倾向，也可以是“做错误事”时个体自有的羞愧、罪过等主观心理。因此，本书用“保护环境会让我有一种满足感”“污染环境会让我有一种罪恶感”两个题项来表征个人道德规范这个二级指标，反映了个体因自然人属性而具有的清洁生产行为发生的伦理期望。

公众认可规范是指个体跻身于社会中的他人对个体行为在言语上的认同和评价，体现了他人言语在影响个体行为方面的力量（郑馨等，2017）。此规范一方面可以体现社会中他人通过对个体行为的言语评价，反映公众对个体行为的社会偏好或接受程度；另一方面可以体现社会中他人认为个体应该如何做的言语要求，反映公众对个体行为的社会期望或认可程度。因此，本书用“保护环境会让我受到其他村民的表扬与尊重”“保护环境是因为大家都认为我应该这么做，所以不得不做”两个题项来表征公众认可规范这个二级指标。

群体行为规范是指个体跻身的社会中的他人行为传递的信息对个体行为的影响和约束，体现了他人行为在影响个体行为方面的力量。此规范可以体现社会中他人通过行为传递的信息对个体行为的约束，反映群体一致性行为的共同需求。因此，本书用“环境保护行为在我们村比较普遍”“保护环境是因为别人也会这么做，所以不得不做”两个题项来表征群体行为规范这个二级指标。

4.2　环境规制与社会规范的指标测度

4.2.1　数据说明

结合研究目的，本章节所用数据是2018年7~8月课题组对湖北省鄂东、鄂中、鄂西三区九市生猪规模养殖户调查所得。数据收集过程、问卷内容、数据特征分析等详见第3章。此次调研共获得用于本书的问卷711份，本章基于这711份有效问卷对环境规制、社会规范及其二级指标进行测度。

4.2.2 指标测度方法

郑珍远等（2019）和马慧强等（2018）均认为确定指标权重的常用方法分为两类，包括基于经验和知识等主观认知对指标赋权的主观赋权法、基于数据和计算方法获得指标权重的客观赋权法。比较而言，前者具有主观不确定性、赋权结果易存在争议等缺点，后者具有结果可靠可信等优点（高明美等，2014）。正如田瑾（2008）所指出的那样，主成分分析法（PCA）是最常用的一种简化多指标获得综合指标的客观赋权方法。该方法可以在最大限度地保留原始数据的基础上，获得简化的综合指标，可以减弱多重共线性问题（任志涛和党斐艳，2020）。基于上文对环境规制、社会规范指标构建的分析可知，两者的每类二级指标下面各有两个意义相近的表征题项，需要简化这些表征题项获得二级指标，而 PCA 可以获得这一结果。因此，本书运用 PCA 测度、分析环境规制、社会规范及其指标。

在进行 PCA 之前，通常需要对各表征题项进行标准化处理或无量纲化处理，使得所获指标口径一致（Oliva and Sterman，2001）。鉴于 Z－score 法为常用的无量纲化处理方法，首先，本书采用该方法对环境规制、社会规范的表征题项进行标准化处理，Z－score 法的计算公式为：

$$y_i = \frac{x_i - \bar{x}}{s} \tag{4-1}$$

式（4－1）中，$\bar{x} = \frac{1}{n}\sum_{i=1}^{n} x_i$，$s = \sqrt{\frac{1}{n-1}}\sqrt{\sum_{i=1}^{n}(x-\bar{x})^2}$。

其次，运用 SPSS 软件对标准化后的变量进行主成分分析。假如，拥有 n 个样本数据，p 个指标，则样本矩阵可表示为：

$$X = \begin{pmatrix} x_{11} \cdots x_{1p} \\ \vdots \cdots \vdots \\ x_{n1} \cdots x_{np} \end{pmatrix} = (x_{ij})_{n*p} \tag{4-2}$$

式（4－2）中，i＝1，2，…，n：第 i 行样本矩阵，j＝1，2，…，p：

第 j 列样本矩阵。接着，计算相关系数矩阵 $R=(r_{ij})_{n*p}$，r_{ij} 可表示为：

$$r_{ij}=\frac{1}{n}\sum_{i=1}^{n}\frac{(x_{ij}-x_i)(x_{ij}-x_j)}{s} \qquad (4-3)$$

式（4-3）中，S：样本方差。接着，计算特征值、每个特征向量，通过累积贡献率选择主成分。通常，累计贡献率为70%以上的是主成分（李伟伟等，2018）。

最后，基于主成分方差贡献率，列出综合评价函数，计算综合得分。

4.2.3　指标测度与评价

4.2.3.1　环境规制的指标测度与评价

本书先对数据进行 KMO 和 Bartlett's 检验，以明确环境规制表征题项是否可以用 PCA 进行分析。通常，KMO 值大于 0.500 时，才可以使用 PCA，而 Bartlett' 统计显著水平小于 0.050，即通过数据的效度分析（Kaiser，1974）。对环境规制表征题项的检验结果为：KMO 值等于 0.565，大于 0.500；Bartlett's 检验值等于 0.000，远小于 0.050，说明可以使用 PCA。

表 4-3 汇报了环境规制的主成分方差解释表。可见，大于 1 特征根包括 2.168、1.207，对应的方差贡献率各为 43.233%、41.156%，累计解释了总方差的 84.388%，大于 70%。这表明所选的主成分很好地表征了潜变量的结构。由此说明，通过 PCA 获得的两个主成分可以很好地反映环境规制的内容。

表 4-3　　环境规制主成分方差解释

序号	初始特征			提取平方和载入			旋转平方和载入		
	合计	方差的百分比	累积百分比	合计	方差百分比	累积百分比	合计	方差百分比	累积百分比
1	2.168	54.202	54.202	2.168	54.202	54.202	1.729	43.233	43.233
2	1.207	30.186	84.388	1.207	30.186	84.388	1.646	41.156	84.388
3	0.361	9.026	93.414						
4	0.263	6.586	100.000						

表4-4汇报了旋转后的成分矩阵。可见，成分1在“政府对环境保护行为的荣誉表彰效果很好”“法律法规对环境保护行为的经济奖励效果很好”上的因子载荷值最大，各为0.932、0.908，而根据“4.1.2.1 环境规制指标体系构建”分析，这两个题项集中反映了激励型环境规制的主要内容，鉴于此，本书将成分1命名为激励型环境规制（incentive）。

表4-4 旋转后的成分矩阵

题项	成分1	成分2
政府对环境保护行为的荣誉表彰效果很好	0.932	0.078
法律法规对环境保护行为的经济奖励效果很好	0.908	0.191
政府对环境污染行为的批评教育效果很好	0.089	0.906
法律法规对环境污染行为的经济惩罚效果很好	0.171	0.885

成分2在“政府对环境污染行为的批评教育效果很好”“法律法规对环境污染行为的经济惩罚效果很好”上的因子载荷值最大，各为0.906、0.885，而根据“4.1.2.1 环境规制指标体系构建”分析，这两个题项集中反映了监督型环境规制的主要内容。鉴于此，本书将成分2命名为监督型环境规制（supervision）。

基于各成分得分及其方差贡献率，环境规制总指数值可通过如下公式得到：

$$HZ = (Incentive \times 43.233\% + Supervision \times 41.156\%)/84.388\%$$

其中，HZ为环境规制，Incentive、Supervision分别为激励型环境规制、监督型环境规制，表示的是环境规制的两个主成分。表4-5报告了通过PCA得到的环境规制总指数、激励型环境规制、监督型环境规制的统计特征。

表4-5 主成分分析得到的环境规制及其各成分特征统计

总指数及主成分	最小值	最大值	均值	标准差
环境规制	-2.500	1.119	0.000	0.707
激励型环境规制	-3.099	1.742	0.000	1.000
监督型环境规制	-3.056	1.979	0.000	1.000

4.2.3.2 社会规范的指标测度与评价

对数据进行 KMO 和 Bartlett's 检验，以明确社会规范表征题项是否可以用 PCA 进行分析。检验结果表明，KMO 值为 0.627，Bartlett's 检验值为 0，说明可以使用 PCA。

表 4-6 报告了社会规范主成分方差解释表。由表 4-6 可知，大于 1 的特征根分别为 2.642、1.354、1.202、1.093，对应的方差贡献率分别为 20.831%、20.802%、20.041%、16.960%，累计解释了总方差的 78.635%，大于 70%。这表明所选的主成分很好地表征了潜变量的结构。由此说明，通过 PCA 获得的四个主成分可以很好地反映社会规范的内容。

表 4-6　社会规范主成分方差解释　单位：%

序号	初始特征			提取平方和载入			旋转平方和载入		
	合计	方差的百分比	累积百分比	合计	方差的百分比	累积百分比	合计	方差的百分比	累积百分比
1	2.642	33.029	33.029	2.642	33.029	33.029	1.667	20.831	20.831
2	1.354	16.926	49.955	1.354	16.926	49.955	1.664	20.802	41.634
3	1.202	15.020	64.975	1.202	15.020	64.975	1.603	20.041	61.674
4	1.093	13.660	78.635	1.093	13.660	78.635	1.357	16.960	78.635
5	0.633	7.910	86.545						
6	0.425	5.310	91.855						
7	0.343	4.285	96.140						
8	0.309	3.860	100.000						

表 4-7 汇报了旋转后的成分矩阵。可见，成分 1 在"保护环境会让我有一种满足感""污染环境会让我有一种罪恶感"上的因子载荷值最大，各为 0.895、0.895。而根据"4.1.2.2 社会规范指标体系构建"分析，这两个题项集中反映了规模养殖户个人道德感的主要内容。通常，规模养殖户做正确事时满足感越强，或做错事时罪恶感越强，则其个人道德感越强。因此，本书将成分 1 命名为个人道德规范（morality）。

成分 2 在"保护环境是因为别人也会这么做，所以不得不做""环境保护行为在我们村比较普遍”上的因子载荷值最大，各为0.914、0.881。而根据“4.1.2.2社会规范指标体系构建”分析，这两个题项集中反映了规模养殖户所在社会网络中群体行为规范的主要内容。通常，群体行为趋于一致，或群体行为具有较高的普遍性，则群体行为规范约束越强。因此，本书将成分2命名为群体行为规范（behavior）。

成分3在“为保护生存环境，我有责任对粪污进行环保处理”“保护环境是因为我感觉自己必须这么去做”上的因子载荷值最大，各为0.875、0.864。而根据“4.1.2.2社会规范指标体系构建”分析，这两个题项集中反映了规模养殖户的社会责任感。通常，规模养殖户环保处理畜禽粪污，或有环境保护的义务感，则其社会责任感越强。因此，本书将成分3命名为社会责任规范（responsibility）。

成分4在“保护环境会让我受到其他村民的表扬与尊重”“保护环境是因为大家都认为我应该这么做，所以不得不做”上的因子载荷值最大，各为0.776、0.837。而根据“4.1.2.2社会规范指标体系构建”分析，这两个题项集中反映了公众认可规范的内容。通常，规模养殖户个体行为受他人表扬程度越高，或受到他人的一致同意，则该行为受公众认可度越高。因此，本书将成分4命名为公众认可规范（recognition）。

表4-7 旋转后的成分矩阵

题项	成分1	成分2	成分3	成分4
为保护生存环境，我有责任对废弃物进行环保处理	0.117	0.063	0.875	0.032
保护环境是因为我感觉自己必须这么去做	0.097	0.090	0.864	0.079
保护环境会让我有一种满足感	0.895	0.081	0.145	0.089
污染环境会让我有一种罪恶感	0.895	0.131	0.080	0.107
保护环境会让我受到其他村民的表扬与尊重	0.119	0.073	0.206	0.776
保护环境是因为大家都认为我应该这么做，所以不得不做	0.065	0.107	-0.080	0.837
保护环境是因为别人也会这么做，所以不得不做	0.091	0.914	0.054	0.040
环境保护行为在我们村比较普遍	0.120	0.881	0.107	0.161

基于各成分得分及其方差贡献率，社会规范总指数值可通过如下公式得到：

SF = (Morality × 20. 831% + Behavior × 20. 802% + Responsibility × 20. 041% + Recognition × 16. 960%)/78. 635%

其中，SF：社会规范，morality、behavior、responsibility、recognition 分别为个人道德规范、群体行为规范、社会责任规范和公众认可规范，表示社会规范的四个主成分。表 4 – 8 报告了通过 PCA 得到的社会规范总指数、个人道德规范、群体行为规范、社会责任规范和公众认可规范的统计特征。

表 4 – 8　　主成分分析得到的社会规范及其各成分特征统计

总指数及主成分	最小值	最大值	均值	标准差
社会规范	–1. 857	1. 037	0. 000	0. 501
社会责任规范	–3. 809	1. 865	0. 000	1. 000
个人道德规范	–3. 637	1. 918	0. 000	1. 000
公众认可规范	–3. 604	2. 132	0. 000	1. 000
群体行为规范	–3. 080	2. 023	0. 000	1. 000

4. 3　环境规制与社会规范的特征分析

4. 3. 1　环境规制的特征分析

4. 3. 1. 1　环境规制的指标特征分析

表4 – 9 显示了全样本环境规制指标特征。可见，监督型环境规制、激励型环境规制的表征题项均值均大于一般水平（2. 5），且监督型环境规制的表征题项均值略大，说明环境规制水平整体较高，且监督型环境规制水平高于激励型环境规制水平。表征题项的细致分析可知，监督型环境规制中，HZ3 均值（3. 724）略大于 HZ4 均值（3. 702）；激励型环境规制中 HZ1 均值（3. 641）略大于 HZ2 均值（3. 623），说明规模养殖户认为政府对环境污染行为的批评教育效果好于法律法规对环境污染行为的经济惩罚效果，政府对环境保护行为的荣誉表彰效果好于法律法规对环境保护行为

的经济奖励效果。

表4－9　全样本环境规制指标特征统计

指标	题项	最小值	最大值	均值	标准差
激励型环境规制	政府对环境保护行为的荣誉表彰效果很好（HZ1）	1	5	3.641	0.946
	法律法规对环境保护行为的经济奖励效果很好（HZ2）	1	5	3.623	0.931
监督型环境规制	政府对环境污染行为的批评教育效果很好（HZ3）	1	5	3.724	0.904
	法律法规对环境污染行为的经济惩罚效果很好（HZ4）	1	5	3.702	0.949

4.3.1.2　不同类型规模养殖户的环境规制指标特征对比分析

1. 不同清洁生产行为意愿规模养殖户的环境规制指标特征对比

表4－10汇报了行为意愿不同时规模养殖户感知的原始环境规制指标特征。可见，与不愿意采用相比，愿意采用四类清洁生产技术规模养殖户的环境规制表征题项均值均略大，说明与不愿意采用清洁生产技术的规模养殖户相比，具有采用意愿规模养殖户的环境规制水平更高。细致分析发现，愿意采用四类清洁生产技术规模养殖户的监督型环境规制表征题项均值均略大于激励型环境规制表征题项均值，这一发现也适用于不愿意采用四类清洁生产技术规模养殖户的监督型环境规制与激励型环境规制表征题项均值之间的对比。

表4－10　不同行为意愿规模养殖户感知环境规制指标特征统计

指标	题项	粪污制沼气		粪污制有机肥		粪污制饲料		种养结合技术	
		愿意	不愿意	愿意	不愿意	愿意	不愿意	愿意	不愿意
		均值（标准差）	均值（标准差）	均值（标准差）	均值（标准差）	均值（标准差）	均值（标准差）	均值（标准差）	均值（标准差）
激励型环境规制	HZ1	3.699（0.947）	3.048（0.705）	3.735（0.934）	2.940（0.717）	3.770（0.927）	3.096（0.824）	3.739（0.925）	2.829（0.700）
	HZ2	3.674（0.936）	3.095（0.689）	3.711（0.917）	2.964（0.752）	3.729（0.920）	3.176（0.842）	3.694（0.925）	3.026（0.748）

续表

指标	题项	粪污制沼气		粪污制有机肥		粪污制饲料		种养结合技术	
		愿意	不愿意	愿意	不愿意	愿意	不愿意	愿意	不愿意
		均值（标准差）	均值（标准差）	均值（标准差）	均值（标准差）	均值（标准差）	均值（标准差）	均值（标准差）	均值（标准差）
监督型环境规制	HZ3	3.769（0.875）	3.270（1.066）	3.786（0.879）	3.262（0.958）	3.809（0.874）	3.368（0.941）	3.780（0.868）	3.263（1.063）
	HZ4	3.738（0.921）	3.333（1.136）	3.769（0.925）	3.202（0.979）	3.816（0.909）	3.221（0.964）	3.775（0.915）	3.092（1.009）

表4-11汇报了通过PCA获得的环境规制总指数及其主成分的分组特征统计情况。鉴于通过PCA得到的环境规制总指数及其各成分的均值为0，因此分组对比时，环境规制、激励型环境规制、监督型环境规制的均值在一组农户中大于0，另一组农户中小于0。由表4-11可知，愿意采用四类清洁生产技术的规模养殖户的环境规制总指数及其两个主成分的均值均大于不愿意采用四类清洁生产技术的规模养殖户。这说明，环境规制可能影响规模养殖户对粪污制沼气技术、粪污制有机肥技术、粪污制饲料技术、种养结合技术的采用意愿。

表4-11 不同行为意愿规模养殖户的环境规制总指数及其主成分特征统计

总指数与主成分	粪污制沼气		粪污制有机肥		粪污制饲料		种养结合技术	
	愿意	不愿意	愿意	不愿意	愿意	不愿意	愿意	不愿意
	均值（标准差）	均值（标准差）	均值（标准差）	均值（标准差）	均值（标准差）	均值（标准差）	均值（标准差）	均值（标准差）
环境规制（HZ）	0.049（0.697）	-0.501（0.621）	0.080（0.689）	-0.599（0.541）	0.111（0.672）	-0.471（0.660）	0.076（0.681）	-0.637（0.595）
激励型环境规制（incentive）	0.057（1.007）	-0.586（0.703）	0.096（0.989）	-0.718（0.765）	0.122（0.990）	-0.516（0.870）	0.089（0.992）	-0.744（0.730）
监督型环境规制（supervision）	0.040（0.970）	-0.411（1.204）	0.063（0.976）	-0.473（1.056）	1.001（0.967）	-0.423（1.029）	0.063（0.964）	-0.526（1.141）

2. 不同清洁生产行为水平规模养殖户的环境规制指标特征对比

由于规模养殖户粪污清洁处理行为水平包括行为选择和行为强度两个方面，因此，本小节对比分析规模养殖户不同行为选择和不同行为强度下环境规制的指标特征差异。其中，行为选择主要指规模养殖户对粪污丢弃、直接还田、制有机肥、制沼气、制饲料、制培养基、卖钱处理的行为选择；行为强度指规模养殖户粪污处理行为的清洁程度差异[①]，因此，本小节将对比分析粪污清洁处理强度为1、2、3的规模养殖户的环境规制指标特征差异。

（1）不同行为选择规模养殖户的环境规制指标特征对比。

表4-12显示了不同粪污处理方式规模养殖户的原始环境规制指标特征统计。不难发现，选择直接还田、制有机肥、制沼气、卖钱处理规模养殖户的环境规制各表征题项均值均大于未选择这几类处理方式规模养殖户，说明与未选择这四类处理方式的规模养殖户相比，选择这几类处理方式规模养殖户感知到的环境规制的水平更高；与未丢弃处理的规模养殖户相比，粪污丢弃处理规模养殖户的环境规制表征题项均值均较小，说明与粪污丢弃处理的规模养殖户相比，未丢弃粪污规模养殖户感知到的环境规制的水平更高；对比粪污制饲料、粪污制培养基处理规模养殖户与未选择这两类处理方式规模养殖户的环境规制表征题项均值，未得到有规律的结果。

表4-12　　不同行为选择规模养殖户的环境规制指标特征统计

题项	丢弃		直接还田		制有机肥		制沼气	
	是	否	是	否	是	否	是	否
	均值（标准差）	均值（标准差）	均值（标准差）	均值（标准差）	均值（标准差）	均值（标准差）	均值（标准差）	均值（标准差）
HZ1	2.143（0.770）	3.671（0.925）	3.662（0.947）	3.620（0.946）	3.839（0.806）	3.602（0.967）	3.942（0.892）	3.333（0.901）
HZ2	2.143（0.949）	3.653（0.907）	3.668（0.946）	3.578（0.914）	3.872（0.863）	3.573（0.936）	3.872（0.831）	3.368（0.959）

① 细致的分类缘由和分类标准见3.3.3.2部分。

续表

题项	丢弃		直接还田		制有机肥		制沼气	
	是	否	是	否	是	否	是	否
	均值（标准差）	均值（标准差）	均值（标准差）	均值（标准差）	均值（标准差）	均值（标准差）	均值（标准差）	均值（标准差）
HZ3	2.500（0.941）	3.749（0.887）	3.777（0.854）	3.671（0.950）	3.932（1.036）	3.683（0.870）	3.842（0.800）	3.604（0.986）
HZ4	2.214（0.893）	3.732（0.926）	3.732（0.899）	3.671（0.997）	3.890（1.084）	3.664（0.916）	3.861（0.856）	3.538（1.010）

题项	制饲料		制培养基		出售卖钱	
	是	否	是	否	是	否
	均值（标准差）	均值（标准差）	均值（标准差）	均值（标准差）	均值（标准差）	均值（标准差）
HZ1	3.571（0.959）	3.644（0.946）	3.824（0.883）	3.637（0.948）	4.049（0.947）	3.589（0.934）
HZ2	3.607（0.916）	3.624（0.932）	3.765（0.831）	3.620（0.933）	4.000（0.987）	3.575（0.913）
HZ3	3.821（1.188）	3.720（0.891）	3.706（0.849）	3.725（0.906）	4.160（0.782）	3.668（0.904）
HZ4	3.893（1.100）	3.694（0.942）	3.824（0.883）	3.699（0.950）	4.198（0.828）	3.638（0.945）

表4－13显示了畜禽粪污不同处理方式规模养殖户的环境规制总指数及其主成分的分组统计结果。由表4－13可知，与未选择这几类处理方式的规模养殖户相比，粪污直接还田、制有机肥、制沼气、制培养基、卖钱处理规模养殖户的环境规制总指数及其两个主成分均值均略大；而选择粪污丢弃处理规模养殖户的环境规制总指数及其两个主成分均值均小于未丢弃粪污的规模养殖户；选择粪污制饲料处理规模养殖户的环境规制总指数和监督型环境规制的均值均大于未将粪污制饲料处理的规模养殖户，但激励型环境规制的均值小于未将粪污制饲料处理规模养殖户的激励型环境规制均值，这表明，环境规制可能对规模养殖户畜禽养殖清洁生产行为选择有影响，且对不同粪污处理方式的行为选择的影响各异。

表4－13 不同行为选择规模养殖户的环境规制总指数及其主成分特征统计

总指数与主成分	丢弃		直接还田		制有机肥		制沼气	
	是	否	是	否	是	否	是	否
	均值（标准差）	均值（标准差）	均值（标准差）	均值（标准差）	均值（标准差）	均值（标准差）	均值（标准差）	均值（标准差）
环境规制（HZ）	－1.466（0.687）	0.029（0.676）	0.038（0.705）	－0.039（0.708）	0.218（0.733）	－0.043（0.695）	0.213（0.611）	－0.219（0.733）
激励型环境规制（incentive）	－1.524（0.964）	0.031（0.977）	0.030（1.016）	－0.030（0.984）	0.227（0.906）	－0.045（1.012）	0.302（0.920）	－0.309（0.986）
监督型环境规制（supervision）	－1.406（1.012）	0.028（0.980）	0.047（0.925）	－0.047（1.070）	0.208（1.179）	－0.041（0.956）	0.120（0.900）	－0.123（1.089）

总指数与主成分	制饲料		制培养基		出售卖钱	
	是	否	是	否	是	否
	均值（标准差）	均值（标准差）	均值（标准差）	均值（标准差）	均值（标准差）	均值（标准差）
环境规制（HZ）	0.051（0.838）	－0.002（0.702）	0.110（0.628）	－0.003（0.709）	0.441（0.640）	－0.057（0.696）
激励型环境规制（incentive）	－0.074（0.984）	0.003（1.001）	0.187（0.825）	－0.005（1.003）	0.382（1.102）	－0.049（0.976）
监督型环境规制（supervision）	0.183（1.258）	－0.008（0.988）	0.030（0.940）	－0.001（1.002）	0.503（0.896）	－0.065（0.995）

（2）不同行为强度规模养殖户的环境规制指标特征对比。

表4－14显示了不同行为强度规模养殖户的原始环境规制指标特征。由表4－14可知，与畜禽粪污清洁处理强度为2和3的规模养殖户的环境规制表征题项均值相比，畜禽粪污清洁处理强度越高的规模养殖户感知的环境规制水平越高，说明与粪污清洁处理强度为1的规模养殖户相比，粪污清洁处理强度为2和3的规模养殖户感知的环境规制水平较高。细致分析可知，对于畜禽粪污清洁处理强度为1和3的规模养殖户来说，监督型环境规制表征题项均值均大于激励型环境规制的表征题项均值；而对于粪污清洁处理强度为2的规模养殖户来说，监督型环境规制表征题项均值均小于激励型环境规制表征题项均值，可见粪污清洁处理强度越大，监督型

环境规制表征题项均值越大。

表 4-14　　不同行为强度规模养殖户的环境规制指标特征统计

指标	题项	粪污清洁处理行为强度为1的规模养殖户	粪污清洁处理行为强度为2的规模养殖户	粪污清洁处理行为强度为3的规模养殖户
		均值（标准差）	均值（标准差）	均值（标准差）
激励型环境规制	HZ1	3.250（0.862）	3.935（0.983）	3.783（0.903）
	HZ2	3.268（0.887）	3.928（0.949）	3.736（0.881）
监督型环境规制	HZ3	3.465（0.931）	3.826（0.845）	3.855（0.874）
	HZ4	3.373（0.932）	3.848（0.927）	3.861（0.914）

表4-15汇报了畜禽粪污清洁处理强度不同规模养殖户的环境规制总指数及其主成分统计情况。由表4-15可知，粪污清洁处理强度为2和3的规模养殖户的环境规制总指数及其两个主成分均值均大于粪污处理强度为1的规模养殖户，说明粪污清洁处理强度越高的规模养殖户感知的环境规制、激励型环境规制和监督型环境规制水平更高。由此可见，粪污清洁处理强度越大，规模养殖户的监督型环境规制水平越高。

表 4-15　　不同行为强度规模养殖户的环境规制总指数及其主成分特征统计

总指数与主成分	畜禽粪污清洁处理行为强度为1的规模养殖户	畜禽粪污清洁处理行为强度为2的规模养殖户	畜禽粪污清洁处理行为强度为3的规模养殖户
	均值（标准差）	均值（标准差）	均值（标准差）
环境规制（HZ）	-0.344（0.675）	0.220（0.735）	0.140（0.633）
激励型环境规制（incentive）	-0.391（0.912）	0.332（1.035）	0.126（0.963）
监督型环境规制（supervision）	-0.295（0.991）	0.101（0.924）	0.154（0.995）

4.3.2　社会规范的特征分析

4.3.2.1　社会规范的指标特征分析

表4-16显示了全样本社会规范指标特征。可见，社会规范各表征题

项均值均大于2.5，表明社会规范水平整体较高。细致分析可知，社会责任规范的表征题项（SF1 和 SF2）均值最大，而群体行为规范的表征题项（SF7 和 SF8）均值最小，说明规模养殖户感知的社会规范二级指标中，社会责任规范水平最高，而群体行为规范水平最低，个人道德规范水平、公众认可规范水平相当。

表 4-16 全样本社会规范指标特征统计

指标	题项	最小值	最大值	均值	标准差
社会责任规范	为保护生存环境，我有责任对废弃物进行环保处理（SF1）	1	5	4.023	0.815
	保护环境是因为我感觉自己必须这么去做（SF2）	1	5	3.868	0.893
个人道德规范	保护环境会让我有一种满足感（SF3）	1	5	3.761	0.929
	污染环境会让我有一种罪恶感（SF4）	1	5	3.805	0.886
公众认可规范	保护环境会让我受到其他村民的表扬与尊重（SF5）	1	5	3.819	0.937
	保护环境是因为大家都认为我应该这么做，所以不得不做（SF6）	1	5	3.707	0.884
群体行为规范	保护环境是因为别人也会这么做，所以不得不做（SF7）	1	5	3.574	1.008
	环境保护行为在我们村比较普遍（SF8）	1	5	3.651	1.002

4.3.2.2 不同类型规模养殖户的社会规范指标特征对比分析

1. 不同清洁生产行为意愿规模养殖户的社会规范指标特征对比

表4-17 显示了行为意愿不同时规模养殖户感知的原始社会规范指标特征。可见，与不愿意采用相比，愿意采用四类清洁生产技术规模养殖户的社会规范表征题项均值均略大，说明与不愿意采用清洁生产技术的规模养殖户相比，具有采用愿意规模养殖户的社会规范水平更高。细致分析发现，愿意采用四类清洁生产技术的规模养殖户的群体行为规范的表征题项均值均较低，社会责任规范的表征题项均值均较高。但不愿意采用四类清洁技术的规模养殖户的社会规范各个表征题项均值对比分析，并未得到类

似的结果。

表4－17　　不同行为意愿规模养殖户的社会规范指标特征统计

指标	题项	粪污制沼气		粪污制有机肥		粪污制饲料		种养结合技术	
		愿意	不愿意	愿意	不愿意	愿意	不愿意	愿意	不愿意
		均值（标准差）	均值（标准差）	均值（标准差）	均值（标准差）	均值（标准差）	均值（标准差）	均值（标准差）	均值（标准差）
社会责任规范	SF1	4.062（0.792）	3.619（0.941）	4.085（0.788）	3.560（0.869）	4.089（0.777）	3.743（0.911）	4.080（0.789）	3.539（0.871）
	SF2	3.918（0.858）	3.349（1.065）	3.952（0.846）	3.238（0.977）	3.983（0.826）	3.382（0.997）	3.948（0.842）	3.197（1.020）
个人道德规范	SF3	3.832（0.864）	3.032（1.231）	3.842（0.864）	3.155（1.156）	3.842（0.840）	3.419（1.184）	3.858（0.842）	2.947（1.199）
	SF4	3.870（0.841）	3.127（1.055）	3.900（0.833）	3.095（0.952）	3.887（0.834）	3.456（1.010）	3.894（0.837）	3.053（0.937）
公众认可规范	SF5	3.860（0.909）	3.397（1.115）	3.896（0.890）	3.238（1.071）	3.911（0.872）	3.426（1.093）	3.909（0.885）	3.066（1.024）
	SF6	3.736（0.852）	3.413（1.131）	3.761（0.857）	3.310（0.981）	3.786（0.821）	3.375（1.054）	3.754（0.850）	3.316（1.061）
群体行为规范	SF7	3.617（0.984）	3.127（1.143）	3.641（0.986）	3.071（1.039）	3.689（0.944）	3.088（1.125）	3.636（0.983）	3.053（1.070）
	SF8	3.694（0.974）	3.206（1.180）	3.732（0.977）	3.048（0.993）	3.763（0.950）	3.176（1.081）	3.721（0.974）	3.066（1.050）

表4－18显示了通过PCA获得的社会规范总指数及其主成分的分组特征统计情况。鉴于通过PCA得到的社会规范总指数及其各成分的均值为0，因此分组对比时，社会规范、个人道德规范、群体行为规范、社会责任规范、公众认可规范的均值在一组农户中大于0，另一组农户中小于0。由表4－18可知，与不愿意采用规模养殖户相比，对四类清洁生产技术具有采用意愿的规模养殖户的社会规范总指数及其四个主成分的均值均略大，表明社会规范可能影响规模养殖户畜禽养殖清洁生产技术的采用意愿。

表 4－18 不同行为意愿规模养殖户的社会规范总指数及其主成分特征统计

总指数与主成分	粪污制沼气		粪污制有机肥		粪污制饲料		种养结合技术	
	愿意	不愿意	愿意	不愿意	愿意	不愿意	愿意	不愿意
	均值（标准差）	均值（标准差）	均值（标准差）	均值（标准差）	均值（标准差）	均值（标准差）	均值（标准差）	均值（标准差）
社会规范（SF）	0.046（0.460）	－0.472（0.656）	0.072（0.445）	－0.538（0.573）	0.088（0.430）	－0.372（0.604）	0.071（0.443）	－0.595（0.568）
个人道德规范（morality）	0.071（0.938）	－0.729（1.292）	0.085（0.951）	－0.631（1.128）	0.066（0.940）	－0.279（1.186）	0.093（0.938）	－0.773（1.165）
群体行为规范（behavior）	0.032（0.985）	－0.331（1.096）	0.058（0.993）	－0.434（0.952）	0.100（0.946）	－0.424（1.106）	0.048（0.990）	－0.399（1.003）
社会责任规范（responsibility）	0.046（0.970）	－0.475（1.176）	0.078（0.971）	－0.582（1.029）	0.096（0.957）	－0.407（1.076）	0.075（0.963）	－0.623（1.090）
公众认可规范（recognition）	0.032（0.970）	－0.327（1.230）	0.067（0.975）	－0.500（1.050）	0.091（0.950）	－0.383（1.112）	0.070（0.964）	－0.586（1.106）

2. 不同清洁生产行为水平规模养殖户的社会规范指标特征对比

由于规模养殖户粪污清洁处理行为水平包括行为选择和行为强度两个方面，因此，本小节对比分析规模养殖户不同行为选择和不同行为强度下社会规范的指标特征差异。其中，行为选择主要指规模养殖户对粪污丢弃、直接还田、制有机肥、制沼气、制饲料、制培养基、卖钱处理的行为选择；行为强度指规模养殖户粪污处理行为的清洁程度差异，详见 3.3.3.2 章节，因此，本章节将对比分析粪污清洁处理强度为 1、2、3 的规模养殖户的社会规范指标特征差异。

（1）不同行为选择规模养殖户的社会规范指标特征对比。

表 4－19 显示了不同粪污处理方式规模养殖户的原始社会规范指标特征统计。由表 4－19 可知，与未选择这几项技术相比，粪污直接还田、制沼气、卖钱处理规模养殖户的社会规范各表征题项均值均略大，即选择这几类处理方式规模养殖户感知的社会规范水平更高；与未丢弃粪污规模养殖户相比，对粪污丢弃处理规模养殖户的社会规范各表征题项均值均略小，即未丢弃处理规模养殖户的社会规范水平更高；对比粪污制有机肥、

制饲料、制培养基处理规模养殖户与未选择这几类处理方式规模养殖户的社会规范各表征题项均值，没有获得相似的发现。

表4－19　　不同行为选择规模养殖户的社会规范指标特征统计

题项	丢弃		直接还田		制有机肥		制沼气	
	是	否	是	否	是	否	是	否
	均值（标准差）	均值（标准差）	均值（标准差）	均值（标准差）	均值（标准差）	均值（标准差）	均值（标准差）	均值（标准差）
SF1	2.429（1.089）	4.055（0.777）	4.134（0.816）	3.909（0.800）	3.975（0.842）	4.032（0.810）	4.086（0.709）	3.957（0.908）
SF2	2.643（1.082）	3.892（0.872）	3.961（0.853）	3.773（0.923）	3.814（1.012）	3.879（0.867）	3.981（0.766）	3.752（0.993）
SF3	3.571（0.938）	3.785（0.914）	3.813（0.870）	3.708（0.984）	3.780（1.047）	3.757（0.906）	3.853（0.823）	3.667（1.020）
SF4	3.214（0.975）	3.816（0.881）	3.824（0.850）	3.785（0.923）	3.890（0.977）	3.788（0.867）	3.922（0.814）	3.684（0.941）
SF5	3.071（1.269）	3.834（0.924）	3.941（0.860）	3.694（0.996）	3.831（0.972）	3.816（0.931）	3.883（0.885）	3.752（0.985）
SF6	3.500（1.019）	3.712（0.882）	3.779（0.859）	3.635（0.904）	3.771（0.910）	3.695（0.879）	3.775（0.859）	3.638（0.906）
SF7	2.214（1.311）	3.601（0.983）	3.631（1.039）	3.516（0.974）	3.686（1.035）	3.551（1.002）	3.850（0.848）	3.291（1.080）
SF8	2.286（1.204）	3.679（0.980）	3.712（1.023）	3.589（0.979）	3.729（0.984）	3.636（1.006）	3.903（0.863）	3.393（1.069）

题项	制饲料		制培养基		出售卖钱	
	是	否	是	否	是	否
	均值（标准差）	均值（标准差）	均值（标准差）	均值（标准差）	均值（标准差）	均值（标准差）
SF1	4.000（0.981）	4.023（0.808）	4.235（0.970）	4.017（0.811）	4.222（0.707）	3.997（0.825）
SF2	4.000（1.054）	3.862（0.886）	4.353（0.606）	3.856（0.895）	4.198（0.714）	3.825（0.905）
SF3	3.714（1.049）	3.763（0.925）	3.824（0.951）	3.759（0.930）	4.222（0.707）	3.702（0.938）

续表

题项	制饲料		制培养基		出售卖钱	
	是	否	是	否	是	否
	均值（标准差）	均值（标准差）	均值（标准差）	均值（标准差）	均值（标准差）	均值（标准差）
SF4	3.821（1.020）	3.804（0.881）	3.941（0.748）	3.801（0.890）	4.173（0.721）	3.757（0.895）
SF5	3.964（1.138）	3.813（0.929）	4.000（0.866）	3.814（0.939）	4.086（0.869）	3.784（0.941）
SF6	4.036（0.838）	3.694（0.884）	3.882（0.928）	3.703（0.883）	3.963（0.782）	3.675（0.892）
SF7	3.286（1.272）	3.586（0.995）	4.176（1.334）	3.559（0.996）	4.136（0.945）	3.502（0.994）
SF8	3.607（1.100）	3.653（0.999）	4.000（1.323）	3.643（0.993）	4.173（0.946）	3.584（0.990）

表4－20显示了不同粪污处理方式规模养殖户的社会规范总指数及其主成分的分组统计情况。可见，粪污直接还田、制沼气、卖钱处理规模养殖户的社会规范及其各主成分均值均大于未选择这几类处理方式的规模养殖户；丢弃处理规模养殖户的社会规范及其各主成分的均值均小于未丢弃处理规模养殖户；制有机肥、制饲料、制培养基处理规模养殖户的社会规范总指数及其各主成分的均值与未选择这几类处理方式规模养殖户相比未获得相似结果。这表明，社会规范可能影响规模养殖户清洁生产的行为选择，且对不同处理方式行为选择的影响可能不同。

表4－20　不同行为选择规模养殖户的社会规范总指数及其主成分特征统计

总指数与主成分	丢弃		直接还田		制有机肥		制沼气	
	是	否	是	否	是	否	是	否
	均值（标准差）	均值（标准差）	均值（标准差）	均值（标准差）	均值（标准差）	均值（标准差）	均值（标准差）	均值（标准差）
社会规范（SF）	－1.009（0.608）	0.021（0.479）	0.071（0.486）	－0.071（0.508）	0.028（0.595）	－0.005（0.481）	0.124（0.424）	－0.126（0.543）
个人道德规范（morality）	－0.701（0.934）	0.014（0.997）	0.011（0.942）	－0.011（1.057）	0.059（1.076）	－0.012（0.985）	0.082（0.912）	－0.084（1.078）

续表

总指数与主成分	丢弃		直接还田		制有机肥		制沼气	
	是	否	是	否	是	否	是	否
	均值（标准差）	均值（标准差）	均值（标准差）	均值（标准差）	均值（标准差）	均值（标准差）	均值（标准差）	均值（标准差）
群体行为规范（behavior）	-1.228（1.257）	0.025（0.980）	0.039（1.031）	-0.040（0.967）	0.104（0.926）	-0.021（1.014）	0.272（0.871）	-0.279（1.047）
社会责任规范（responsibility）	-1.726（1.191）	0.035（0.966）	0.129（0.945）	-0.131（1.038）	-0.093（1.046）	0.018（0.990）	0.077（0.893）	-0.079（1.095）
公众认可规范（recognition）	-0.266（1.480）	0.005（0.989）	0.114（0.919）	-0.115（1.065）	0.041（1.058）	-0.008（0.989）	0.045（0.974）	-0.046（1.026）

总指数与主成分	制饲料		制培养基		出售卖钱	
	是	否	是	否	是	否
	均值（标准差）	均值（标准差）	均值（标准差）	均值（标准差）	均值（标准差）	均值（标准差）
社会规范（SF）	0.024（0.608）	-0.001（0.497）	0.260（0.620）	-0.006（0.497）	0.350（0.344）	-0.045（0.501）
个人道德规范（morality）	-0.041（1.085）	0.002（0.997）	-0.005（0.901）	0.000（1.003）	0.391（0.875）	-0.050（1.004）
群体行为规范（behavior）	-0.222（1.170）	0.009（0.992）	0.484（1.328）	-0.011（0.989）	0.508（0.934）	-0.065（0.990）
社会责任规范（responsibility）	0.050（1.163）	-0.002（0.994）	0.395（0.953）	-0.010（0.999）	0.240（0.802）	-0.031（1.019）
公众认可规范（recognition）	0.371（1.092）	-0.015（0.994）	0.154（0.975）	-0.004（1.001）	0.236（0.972）	-0.030（1.000）

（2）不同行为强度规模养殖户的社会规范指标特征对比。

表4-21显示了不同行为强度规模养殖户感知的原始社会规范指标特征。不难发现，与粪污清洁处理强度为2和3规模养殖户相比，粪污清洁处理强度为1的规模养殖户的社会规范各表征题项均值均略小，说明畜禽粪污清洁处理强度大的规模养殖户感知的社会规范水平较高。细致分析发现，对于粪污清洁处理强度为1、2和3的规模养殖户来说，社会责任规范各表征题项的均值均最高，但粪污清洁处理强度为1的规模养殖户感知的

群体行为规范各表征题项均值最低，说明规模养殖户的社会责任规范水平最高，且清洁生产行为强度最低的规模养殖户的群体行为规范水平最低。并且，粪污清洁处理强度越大，规模养殖户感知的社会责任规范、个人道德规范的各表征题项均值均越大。

表 4－21　　不同行为强度规模养殖户的社会规范指标特征统计

指标	题项	粪污清洁处理行为强度为 1 的规模养殖户	粪污清洁处理行为强度为 2 的规模养殖户	粪污清洁处理行为强度为 3 的规模养殖户
		均值（标准差）	均值（标准差）	均值（标准差）
社会责任规范	SF1	3.952（0.897）	4.022（0.778）	4.070（0.771）
	SF2	3.741（0.975）	3.884（0.784）	3.945（0.869）
个人道德规范	SF3	3.618（1.006）	3.783（0.910）	3.846（0.874）
	SF4	3.605（0.916）	3.870（0.911）	3.910（0.836）
公众认可规范	SF5	3.737（0.934）	3.761（1.015）	3.896（0.903）
	SF6	3.588（0.869）	3.783（0.894）	3.757（0.885）
群体行为规范	SF7	3.268（0.990）	3.761（1.015）	3.701（0.974）
	SF8	3.346（1.010）	3.812（1.008）	3.788（0.952）

表 4－22 显示了不同行为强度规模养殖户的社会规范总指数及其主成分特征统计结果。由表 4－22 可知，与粪污清洁处理行为强度为 1 的规模养殖户相比，粪污清洁处理行为强度为 2 和 3 的规模养殖户的社会规范规制总指数及其各主成分的均值均略大；粪污清洁处理强度越大，规模养殖户的社会规范、个人道德规范、社会责任规范、公众认可规范水平均越高。

表 4－22　　不同行为强度规模养殖户社会规范总指数及其主成分特征统计

总指数与主成分	畜禽粪污清洁处理行为强度为 1 的规模养殖户	畜禽粪污清洁处理行为强度为 2 的规模养殖户	畜禽粪污清洁处理行为强度为 3 的规模养殖户
	均值（标准差）	均值（标准差）	均值（标准差）
社会规范（SF）	－0.159（0.510）	0.053（0.559）	0.084（0.446）
个人道德规范（morality）	－0.156（1.074）	0.033（0.952）	0.090（0.958）

续表

总指数与主成分	畜禽粪污清洁处理行为强度为1的规模养殖户	畜禽粪污清洁处理行为强度为2的规模养殖户	畜禽粪污清洁处理行为强度为3的规模养殖户
	均值（标准差）	均值（标准差）	均值（标准差）
群体行为规范（behavior）	-0.307（0.996）	0.195（0.976）	0.125（0.994）
社会责任规范（responsibility）	-0.072（1.097）	-0.025（0.869）	0.058（0.981）
公众认可规范（recognition）	-0.083（0.925）	-0.005（1.093）	0.057（1.008）

4.4　本章小结

本章在既有研究的基础上，结合环境规制、社会规范的概念，遵循科学的指标构建原则，构建了环境规制、社会规范的指标体系；基于调研数据，利用PCA方法，测算并分析了环境规制、社会规范的总指数及其主成分情况，并比较不同特征规模养殖户的环境规制、社会规范差异。所得结论如下：

（1）基于科学的指标构建原则，构建了激励型环境规制、监督型环境规制两个环境规制的二级指标，社会责任规范、个人道德规范、公众认可规范、群体行为规范四个社会规范的二级指标，基于调研数据，运用PCA对二级指标表征题项进行测度，结果表明环境规制、社会规范的指标构建是合理的。

（2）环境规制、社会规范水平整体较高，监督型环境规制水平高于激励型环境规制水平，社会责任规范水平高于个人道德规范、公众认可规范和群体行为规范。

（3）与不愿意采用清洁生产技术规模养殖户相比，愿意采用规模养殖户的环境规制、社会规范水平均较高；粪污直接还田、制沼气、卖钱规模养殖户的环境规制、社会规范水平均高于未选择这几类处理方式的规模养殖户；丢弃处理规模养殖户的环境规制、社会规范水平均小于未丢弃粪污规模养殖户；规模养殖户清洁生产行为强度越大，监督型环境规制、个人道德规范、社会责任规范、公众认可规范水平越高。

第5章

环境规制、社会规范对规模养殖户清洁生产行为意愿的影响

第4章构建环境规制、社会规范的二级指标体系，运用PCA并基于调研数据测度环境规制、社会规范的各个指标并分析其特征。本章先分析环境规制、社会规范对规模养殖户清洁生产行为意愿的影响机理，接着基于湖北省调研数据，实证探讨环境规制、社会规范对规模养殖户粪污制沼气、制有机肥、制饲料以及种养结合技术采用意愿的影响，并对比分析规模养殖户的组间影响差异。

罗春华（2006）和孙良媛等（2016）均认为，落实畜禽养殖清洁生产实践是缓解农村地区农业面源污染的重要举措。目前，随着畜禽规模化、集约化养殖进程的推进，国家及地方政府已经将畜禽养殖清洁生产工作作为农村地区环保工作建设的重点，其中粪污制沼气、制有机肥、制饲料、种养结合技术是推广的主要清洁生产技术。正如2017年国家相继颁布的两个文件《全国畜禽粪污资源化利用整县推进项目工作方案（2018—2020年）》《畜禽粪污资源化利用行动方案（2017—2020年）》指出的那样，粪污制沼气、制有机肥、制饲料、种养结合技术等是地方畜禽养殖大县粪污

环保处理中的重要清洁生产技术，应对其进行大力推广。伴随着畜禽养殖集约化、规模化的发展，规模养殖户是清洁生产实践的主力军，其对相关清洁生产技术，尤其是粪污制沼气、制有机肥、制饲料、种养结合技术的行为意愿也是污染防治政策措施和实施的有益参考。

当前，学术界围绕养殖户粪污制沼气、制有机肥、制饲料、种养结合技术行为意愿的研究已获得了丰富的研究成果。例如，宾慕容等（2017）、王欢等（2019）的研究均表明，感知有用性、主观规范等直接影响养殖户清洁生产行为意愿；宾幕容和周发明（2015）、何可等（2016）的研究指出，文化程度、风险喜好等受访者特征是影响养殖户相关行为意愿的关键因子；凯斯等（2017）和孟祥海等（2018）的研究还发现，生猪养殖特征（如养殖年限等）和家庭特征（如劳动力数量等）是养殖户具有粪污资源化利用意愿的影响因素。

需要指出的是，既有研究为了解养殖户清洁生产行为意愿提供了材料支撑，但仍然具有一定的局限性。一方面，在分析角度上，已有研究多关注常见的养殖户行为意愿的影响因素，忽视了对社会规范、环境规制在养殖户清洁生产行为意愿中作用的探讨。然而事实是，畜禽养殖清洁生产的推广不可脱离国家政策法规而实现，此外，具有自然人和社会人禀赋的养殖户在具有“半熟人”社会的农村地区，其行为意愿难免会受个人社会责任感和道德感以及他人言行的影响。因此，分析养殖户清洁生产行为意愿离不开对环境规制、社会规范影响作用的考察。另一方面，在研究对象上，现有研究大多考察散养户的相关行为意愿，如于婷和于法稳（2019）的研究，而缺少对规模养殖户清洁生产行为意愿的研究。然而，现实是，目前畜禽养殖正朝集约化、规模化方向发展，因此，对规模养殖户相关行为意愿的研究更具有代表性，更符合当下社会现实。

鉴于此，本章在第 4 章构建环境规制、社会规范指标体系的基础上，分析环境规制、社会规范各个二级指标影响规模养殖户畜禽养殖清洁生产行为意愿的理论逻辑，并利用对湖北省生猪规模养殖户实地调查获得的调研数据，以粪污制沼气、制有机肥、制饲料、种养结合四种清洁生产技术为例，运用二元 Logistic 模型，实证分析环境规制、社会规范各个二级指标对规模养殖户四类清洁生产技术采用意愿的影响，并检验研究结果的稳健性。此外，进一步探究环境规制、社会规范各个二级指标对不同特征规模养殖户四类清洁生产技术采用意愿的影响差异，以期为湖北省地方政府制定和实施相关政策措施提高生猪规模养殖户清洁生产行为意愿提供材料支撑。

5.1　研究假设的提出

规模养殖户是畜禽生产的基本单元，是畜禽养殖清洁生产的实践主体。在生猪养殖过程中，畜禽粪污的直接排放等对环境具有负向影响，为缓解畜禽养殖的负外部性问题，有必要推动规模养殖户参与畜禽养殖清洁生产。

在"理性经济人"的理论框架下，规模养殖户相关行为意愿可被视为一定预算条件约束下其追求自身效用最大化（闵师等，2019）。此时，规模养殖户的效用包括参与清洁生产付出的成本而得到的效用损失、参与清洁生产促进环境改善而获得的正向效用以及其他的直接正向效用。假设规模养殖户预算约束为I，不考虑其他约束条件，设其畜禽养殖清洁生产行为成本为$c(0<c<1)$，由此减少的效用为U_c（$U_c \geqslant 0$且是c的增函数）。假设不考虑其他约束条件，规模养殖户畜禽养殖清洁生产行为导致的环境改善为（h），由此获得的效用为U_h（$U_h \geqslant 0$且是h的增函数），得到其他直接正向效用（如生猪养殖收入）为U_z（$U_z \geqslant 0$且是z的增函数）。则规模养殖户清洁生产行为的总效用为$\Delta U=(U_h+U_z)-U_c$。若$\Delta U \geqslant 0$，即$U_h+U_z>U_c$，依据效用最大化原则，此时规模养殖户具有畜禽养殖清洁生产技术行为意愿，反之，则无行为意愿。

1. 环境规制对规模养殖户清洁生产行为意愿影响的理论分析

环境规制是政府为约束个体、组织等的行为，制定的具有激励或监督特性的政策和法律法规等，对于规模养殖户来说，是政府激励并监督其清洁生产行为以保护环境。基于第4章的内容，环境规制的二级指标包括激励型环境规制、监督型环境规制。假设仅考虑激励型环境规制，规模养殖户畜禽养殖清洁生产行为付出的成本为 c，由此而减少的效用为 U_C；因环境改善（h）而得到的效用为 U_h，其他直接正向效用为 U_z 均不变；假设规模养殖户畜禽养殖清洁生产行为得到的政府荣誉表彰和法规经济奖励为（m），这些经济奖励帮助其承担了部分成本为 $C_m(C_m \geqslant 0)$，此时，规模养殖户实际付出的成本为 $C_n(C = C_m + C_n)$，由实际付出的成本而减少的效用为 $U_{C_n}(U_{C_n} > 0$ 且是 C_n 的增函数)。在这样的情况下，仅考虑激励型环境规制，则规模养殖户畜禽养殖清洁生产行为获得的效用为 $\Delta U_1 = (U_h + U_z) - U_{C_n}$。由 $C_m > 0$ 可知，$C_n < C$，则 $U_{C_n} < U_c$，从而得到 $\Delta U_1 > \Delta U$，即 $\Delta U_1 > 0$ 的概率大于 $\Delta U > 0$ 的概率。由此，为追求效用最大化，此时规模养殖户具有较高的清洁生产行为意愿。概括而言，激励型环境规制降低了规模养殖户畜禽养殖清洁生产行为的付出成本，从而提高了其相关行为意愿。鉴于此，本书提出如下假设：

H5－1：激励型环境规制提高了规模养殖户的清洁生产行为意愿。

假设仅考虑监督型环境规制，则不发生畜禽养殖清洁生产行为引起政府批评教育和法规经济惩罚，即监督型环境规制成本仅发生于不发生畜禽养殖清洁生产行为的情形，而对于具有畜禽养殖清洁生产行为的规模养殖户，其会得到一部分心理收入（b），从中获得效用为 U_b。在这样的条件下，规模养殖户畜禽养殖清洁生产行为的效用包括清洁生产行为付出的成本 c，并由此而减少的效用 U_c、由于环境改善（h）而获得的效用 U_h 以及其他直接正向效用 U_z，还包括由于未受监督型环境规制引起的惩罚而获得的心理收入（b），由此得到的效用 U_b。规模养殖户畜禽养殖清洁生产行为的总效用为 $\Delta U_2 = (U_h + U_z + U_b) - U_c$。假设规模养殖户清洁生产行为付出的成本 C 减少的效用 U_c、因环境改善（h）获得的效用 U_h 和其他直接正向效用 U_z 不变，由 $U_b > 0$ 可知，$U_h + U_z + U_b > U_h + U_z$，则 $\Delta U_2 > \Delta U$，即 $\Delta U_2 > 0$ 的概率大于 $\Delta U > 0$ 的概率。概括而言，监督型环境规制提高了规模养殖户畜禽养殖清洁生产行为的总效用，从而增强了其相关行为意愿。鉴于此，本书提出如下假设：

H5－2：监督型环境规制提高了规模养殖户的清洁生产行为意愿。

2. 社会规范对规模养殖户清洁生产行为意愿影响的理论分析

社会规范是由社会和个体发起的具有约束力和引导作用的力量，可以规范规模养殖户相关清洁生产行为。基于第 4 章的内容，社会规范的二级指标包括社会责任规范、个人道德规范、公众认可规范、群体行为规范。仅社会规范的任何一个二级指标，假设规模养殖户畜禽养殖清洁生产行为付出的成本为 c，由此减少的效用为 U_c、由此环境改善（h）而获得的效用为 U_h、获得的其他正向效用 U_z 均不变，规模养殖户畜禽养殖清洁生产行为受社会规范任何一个二级指标的影响均会获得一定的额外心理收入效用（U_o），该效用增加了规模养殖户相关行为的整体效用。则规模养殖户实际获得的效用为 $U_h + U_z + U_o$。则仅考虑社会规范任何一个二级指标，规模养殖户畜禽养殖清洁生产行为获得的效用为 $\Delta U_3 = (U_h + U_z + U_o) - U_C$。由 $U_o > 0$ 可知，$U_h + U_z + U_o > U_h + U_z$，则得到 $\Delta U_3 > \Delta U$，即 $\Delta U_3 > 0$ 的概率大于 $\Delta U > 0$ 的概率。为追求效用最大化的目标，此时规模养殖户具有较高的畜禽养殖清洁生产行为意愿。概括而言，对于社会规范各个二级指标而言，任何一个二级指标均有助于提高规模养殖户清洁生产行为的积极效用，由此，其畜禽养殖清洁生产的行为意愿得到了提高。鉴于此，本书提出如下假设：

H5 -3：社会责任规范提高了规模养殖户的清洁生产行为意愿。

H5 -4：个人道德规范提高了规模养殖户的清洁生产行为意愿。

H5 -5：公众认可规范提高了规模养殖户的清洁生产行为意愿。

H5 -6：群体行为规范提高了规模养殖户的清洁生产行为意愿。

5.2　实证分析

5.2.1　模型设定

基于数据可得性原则，本章节以粪污制沼气技术、制有机肥技术、制饲料技术、种养结合技术为例，重点探究环境规制的二级指标，即激励型环境规制、监督型环境规制和社会规范的二级指标，即社会责任规范、个人道德规范、公众认可规范、群体行为规范，对规模养殖户四类清洁生产技术采用意愿的影响。由此可知，本章节的因变量分别为规模养殖户是否愿意采用粪污制沼气技术、是否愿意采用制有机肥技术、是否愿意采用制饲料技术、是否愿意采用种养结合技术，四个因变量均为“0”或“1”的二分离散变量。二元 Logistic 模型被广泛应用于估计二元离散因变量和自变量之间的非线性关系。鉴于此，本章节将采用二元 Logistic 模型实证分析环境规制、社会规范的二级指标对规模养殖户四类清洁生产技术行为意愿的影响。

通常，二元 Logistic 模型的基本形式如下所示：

$$\begin{aligned} p_i &= F(Y) = F(\beta_0 + \beta_1 x_1 + \cdots + \beta_i x_i + \mu_i) \\ &= \frac{1}{1 + \exp[-(\beta_0 + \beta_1 x_1 + \cdots + \beta_i x_i + \mu_i)]} \end{aligned} \tag{5-1}$$

式（5-1）可转换为：

$$\ln \frac{p_i}{1 - p_i} = y = \beta_0 + \beta_1 x_1 + \cdots + \beta_i x_i + \mu_i \tag{5-2}$$

式（5-2）中，p_i：规模养殖户愿意采用某类清洁生产技术的概率；F：Logistic 累积密度函数；y_i：因变量，为第 i 个规模养殖户是否愿意采用某类清洁生产技术；x_i：自变量，包括激励型环境规制、监督型环境规制、社会责任规范、个人道德规范、公众认可规范、群体行为规范这几个关键自变量以及控制变量；β_0：回归方程的截距；μ_i：扰动项。

5.2.2 数据来源及样本描述

本章节的实证分析数据来自课题组成员于 2018 年 7~8 月对湖北省鄂东、鄂中、鄂西地区九市生猪规模养殖户的实地调查所得，共得到适合本书的问卷 711 份。有效样本中，91.14%、88.19%、80.87%、89.31% 的受访规模养殖户愿意采用粪污制沼气技术、制有机肥技术、制饲料技术、种养结合技术。受访者以男性居多，年龄集中为 40~50 岁，文化水平整体较低；大部分受访者的家庭劳动力人数较少，且大部分受访者为中规模养殖户，年出栏量100~500头的受访者占比最大。对有效样本的描述性统计分析具体见第3章的内容。

5.2.3　变量选择与说明

1. 因变量

基于调研所获数据以及研究目的，本章节的因变量包括四个，分别为规模养殖户对粪污制沼气、制有机肥、制饲料、种养结合技术行为意愿的0~1变量。四个因变量是受访者对"您是否愿意在将来采用粪污制沼气技术?""您是否愿意在将来采用粪污制有机肥技术?""您是否愿意在将来采用粪污制饲料技术?"以及"您是否愿意在将来采用种养结合技术?"的回答。

2. 关键自变量

依据研究目的，基于第4章的内容，本章节的关键自变量是通过PCA方法获得的激励型环境规制、监督型环境规制、社会责任规范、个人道德规范、公众认可规范、群体行为规范。

3. 控制变量

为了较好地考察环境规制、社会规范对规模养殖户四类清洁生产技术采用意愿的影响，在构建回归模型时，本书对可能影响规模养殖户清洁生产行为意愿的个人和家庭特征、养殖特征、其他特征等进行控制，以解决因遗漏某些变量引起高估或低估环境规制、社会规范对规模养殖户相关行为意愿的影响。

纵观国内外研究发现，既有研究已经证实养殖户的个人特征，例如，性别、年龄、文化水平、健康情况均是影响养殖户畜禽污染防治（闵继胜和周力，2014）、粪污无害化处理（孔凡斌等，2016）、粪污再利用处理（舒畅等，2017）的主要因素。孔凡斌等（2018）的研究发现，受访者家庭特征，例如，劳动力情况、家庭年收入、家中是否有成员是村干部等因素也是显著影响养殖户对畜禽粪污资源化利用技术以及无害化处理技术采用意愿的主要因素。而宾幕容和周发明（2015）、孟祥海等（2015）以及孔凡斌等（2018）的研究均表明，养殖户的生猪养殖特征中，养殖规模、养殖年限等因素均对养殖户畜禽养殖新技术的行为意愿有影响。除此之外，孔凡斌等（2018）也证实，其他特征中，养殖户对畜禽养殖相关技术的了解和认知程度、是否参加技术培训、对相关技术采用的风险感知等因素也可能是左右其畜禽养殖清洁生产技术采用意愿的关键因素。

基于以上分析，本章节为避免遗漏变量造成估计偏误，在数据可得的条件下，将性别、年龄、受教育水平、健康状况、劳动力数量、家庭年收入、是否有村干部、养殖规模、养殖年限、对四类清洁生产技术的了解程度、技术培训情况、新技术采用的风险感知情况当作控制变量纳入模型进行估计。除此之外，本章节还将地区哑变量当作控制变量纳入模型进行估计，以缓解由于遗漏某些地区异质性特点可能造成估计偏误问题。因变量、自变量、控制变量的定义和统计分析如表5－1所示。

表5－1　变量的定义与说明

变量	变量定义与说明	最小值	最大值	均值	标准差
因变量					
粪污制沼气	粪污制沼气采用意愿，是＝1；否＝0	0	1	0.911	0.284
粪污制有机肥	粪污制有机肥采用意愿，是＝1；否＝0	0	1	0.882	0.323
粪污制饲料	粪污制饲料采用意愿，是＝1；否＝0	0	1	0.809	0.394
种养结合	种养结合技术采用意愿，是＝1；否＝0	0	1	0.893	0.309
关键自变量					
激励型环境规制	前文主成分分析得分	－3.099	1.742	0	1
监督型环境规制	前文主成分分析得分	－3.056	1.979	0	1
社会责任规范	前文主成分分析得分	－3.809	1.865	0	1
个人道德规范	前文主成分分析得分	－3.637	1.918	0	1
公众认可规范	前文主成分分析得分	－3.604	2.132	0	1
群体行为规范	前文主成分分析得分	－3.080	2.023	0	1

续表

变量	变量定义与说明	最小值	最大值	均值	标准差
控制变量					
性别	受访养殖户的性别，男 =1；女 =0	0	1	0.914	0.280
年龄	受访养殖户周岁（年）	19	70	47.333	8.361
受教育水平	受访规模户的受教育程度（年）	0	20	8.791	3.058
健康状况	自身健康状况感知，1～5，很差～很好	1	5	3.467	0.890
劳动力数量	家庭劳动力数量（人）	1	10	3.068	1.135
家庭年收入	家庭年总收入（万元）	2	400	26.553	38.798
是否有村干部	家中是否有村干部，是 =1；否 =0	0	1	0.269	0.444
养殖规模	小规模（出栏量≥30 且 <100）=1； 中规模（出栏量≥100 且 <500）=2； 大规模（≥500）=3	1	3	2.056	0.581
养殖年限	生猪养殖年数（年）	0.5	50	8.207	5.683
了解程度 1	粪污制沼气了解程度，1～5， 很不了解～很了解	1	5	3.107	1.041
了解程度 2	粪污制有机肥了解程度，1～5， 很不了解～很了解	1	5	2.956	0.955
了解程度 3	粪污制饲料了解程度，1～5， 很不了解～很了解	1	5	2.706	0.986
了解程度 4	种养结合技术了解程度，1～5， 很不了解～很了解	1	5	3.255	0.998
技术培训	是否参与相关技术培训，是 =1；否 =0	0	1	0.662	0.473
风险感知	新技术采用的风险程度，1～5，很小～很大	1	5	2.778	0.957
地区哑变量					
鄂东	鄂东地区，是 =1；否 =0	0	1	0.304	0.460
鄂中	鄂中地区，是 =1；否 =0	0	1	0.187	0.390
鄂西	鄂西地区，是 =1；否 =0	0	1	0.509	0.500

5.2.4　模型估计结果与分析

1. 多重共线性检验

正式实证分析环境规制、社会规范各个二级指标对规模养殖户粪污制沼气技术、制有机肥技术、制饲料技术、种养结合技术采用意愿的影响前，鉴于所选自变量（包括关键自变量与控制变量）之间可能具有内部相关关系，本章节先对二元 Logistic 估计中的自变量进行多重共线性检验。通常情况下，当方差膨胀系数（VIF）大于3，则说明自变量之间有一定程度的相关关系；当方差膨胀系数大于10，则说明自变量之间的相关程度较高，换言之，自变量之间的共线性问题比较严重。表5－2汇报了四个实证分析中选取的自变量的共线性检验结果。结果显示，就粪污制沼气而言，方差膨胀系数最大值为1.780，远小于3；就制有机肥而言，方差膨胀系数最大值为1.790，远小于3；就制饲料而言，方差膨胀系数最大值为1.790，远小于3；就种养结合而言，方差膨胀系数最大值为1.780。因此，自变量之间共线性问题不严重。

表5－2　　多重共线性检验

变量	粪污制沼气		粪污制有机肥		粪污制饲料		种养结合	
	VIF	1/VIF	VIF	1/VIF	VIF	1/VIF	VIF	1/VIF
激励型环境规制	1.430	0.698	1.430	0.698	1.430	0.700	1.430	0.701
监督型环境规制	1.390	0.721	1.390	0.722	1.370	0.728	1.370	0.731
社会责任规范	1.250	0.798	1.250	0.799	1.250	0.799	1.260	0.797
个人道德规范	1.330	0.751	1.320	0.758	1.310	0.760	1.330	0.752
公众认可规范	1.190	0.842	1.180	0.844	1.180	0.848	1.180	0.846
群体行为规范	1.270	0.786	1.250	0.800	1.250	0.800	1.250	0.800
性别	1.060	0.944	1.060	0.945	1.060	0.945	1.060	0.946
年龄	1.250	0.798	1.240	0.807	1.240	0.806	1.260	0.792
受教育水平	1.190	0.841	1.180	0.845	1.190	0.843	1.200	0.833
健康状况	1.280	0.784	1.240	0.804	1.230	0.814	1.230	0.814
劳动力数量	1.150	0.868	1.150	0.870	1.150	0.869	1.150	0.869
家庭年收入	1.350	0.742	1.330	0.752	1.320	0.756	1.340	0.745
是否有村干部	1.070	0.936	1.060	0.943	1.060	0.943	1.070	0.931
养殖规模	1.390	0.718	1.390	0.719	1.390	0.720	1.390	0.720
养殖年限	1.120	0.890	1.120	0.890	1.120	0.891	1.130	0.882
了解程度1	1.350	0.743	–	–	–	–	–	–
了解程度2	–	–	1.220	0.822	–	–	–	–
了解程度3	–	–	–	–	1.080	0.930	–	–

续表

变量	粪污制沼气		粪污制有机肥		粪污制饲料		种养结合	
	VIF	1/VIF	VIF	1/VIF	VIF	1/VIF	VIF	1/VIF
了解程度4	–	–	–	–	–	–	1.240	0.809
技术培训	1.130	0.885	1.130	0.883	1.130	0.882	1.130	0.883
风险感知	1.140	0.877	1.130	0.885	1.120	0.889	1.120	0.889
鄂中	1.780	0.560	1.450	0.689	1.450	0.692	1.490	0.673
鄂西	1.450	0.691	1.790	0.558	1.790	0.558	1.780	0.560

2. 二元 Logistic 回归结果

本章节运用 Stata 14 软件对四个二元 Logistic 模型进行估计，分别估计环境规制和社会规范的各个二级指标对规模养殖户粪污制沼气、制有机肥、制饲料、种养结合技术采用意愿的影响。表 5 – 3 汇报了实证回归结果。由回归结果可知，四个模型的 Prob > chi^2 水平均为 0，表明四个模型拟合效果均较好。针对回归结果的具体分析如下。

（1）关键自变量的影响分析。

一是激励型环境规制的影响分析。激励型环境规制在四个回归模型中的系数均显著。具体而言，激励型环境规制在粪污制沼气技术、制有机肥技术、制饲料技术、种养结合技术模型中的系数各在 5%、1%、1%、1% 的水平上显著且均为正，说明激励型环境规制均显著正向影响规模养殖户对四类清洁生产技术的采用意愿。综合所得的边际效应结果可知，其他条件不变的情况下，激励型环境规制强度增强一个层次，规模养殖户对粪污制沼气技术、制有机肥技术、制饲料技术、种养结合技术的采用意愿分别提高 2.131%、3.229%、4.515%、2.867%。这可能是由于，激励型环境规制不仅为规模养殖户提供经济奖励，还能够有效降低规模养殖户采用清洁生产技术的成本，因此可以提高规模养殖户的相关行为意愿；另外，激励型环境规制能够给规模养殖户带来荣誉表彰，可以提高其在村庄的声望，进而能够显著提高规模养殖户相关清洁生产技术的采用意愿。这一发现与林丽梅等（2018）的研究结果不谋而合。因此，假设 H5 – 1 得到验证。

二是监督型环境规制的影响分析。监督型环境规制仅对规模养殖户粪污制饲料技术采用意愿有影响。具体来看，监督型环境规制变量系数具有5%的统计正向显著性。这说明，监督型环境规制的增强可以显著提高规模养殖户粪污制饲料技术采用意愿。综合所得的边际效应结果可知，不考虑其他条件的情况下，监督型环境规制强度增强一个层次，规模养殖户对粪污制饲料技术的采用意愿会提高3.007%。这可能是由于，面临着畜禽养殖引致的各种环境问题，湖北省政府和地方政府通常采取具有强制性的经济惩罚或者批评教育等措施对规模养殖户畜禽养殖行为意愿加以约束和引导。因此，为了降低获得经济惩罚或批评教育的可能性，规模养殖户将逐渐采用清洁类生产技术，这一发现与司瑞石等（2020）的研究发现相似，即政府监管或处罚政策有利于促进养殖户采用粪污再利用等清洁生产技术。鉴于此，假设H5-2得到验证。

三是社会责任规范的影响分析。社会责任规范在四个回归模型中的系数均显著。具体来看，社会责任规范在粪污制沼气技术、制有机肥技术、制饲料技术、种养结合技术的回归结果中分别在10%、5%、1%、5%的水平上显著为正。这说明社会责任规范能够显著促进规模养殖户对清洁生产技术的采用意愿。综合所得的边际效应结果可知，不考虑其他条件的情况下，社会责任规范强度增强一个层次，规模养殖户对粪污制沼气技术、制有机肥技术、制饲料技术、种养结合技术的采用意愿会提高2.107%、3.136%、4.560%、2.453%。可能的解释是，规模养殖户具有社会责任感时，面对养殖过程中的不同行为选择，极有可能会综合考虑整个社会的利益，并选择有利于社会整体利益的养殖行为。而四类清洁生产技术由于可以缓解畜禽养殖污染问题而有利于整个社会利益。所以，规模养殖户的社会责任规范越强，其采用四类清洁生产技术的意愿越高。鉴于此，假设H5-3得到验证。

四是个人道德规范的影响分析。个人道德规范仅对规模养殖户粪污制沼气技术、制有机肥技术、种养结合技术的采用意愿有影响。具体来看，在三个回归结果中，个人道德规范的系数均在1%的水平上显著为正。这说明个人道德规范越强，规模养殖户对三类清洁生产技术的采用意愿可能越高。综合所得的边际效应结果可知，不考虑其他条件的情况下，个人道德规范强度增强一个层次，规模养殖户对粪污制沼气技术、制有机肥技术、种养结合技术的采用意愿分别提高4.178%、3.511%、3.781%。这可能是因为，个人道德规范集中体现了养殖户受利他心道德感的影响，会谨慎作出利他、惠他的行为（周德海，2013）。而三类清洁生产技术的采用具有显著的环境正外部性，对他人和环境均有利，所以规模养殖户的个人道德规范强度越大，其可能越愿意采用畜禽养殖清洁生产技术。因此，假设H5-4得到验证。

五是公众认可规范的影响分析。公众认可规范变量仅在粪污制有机肥技术、制饲料技术、种养结合技术的回归中显著。具体来看，在三个回归结果中，公众认可规范均在1%的水平上显著为正。这说明公众认可规范越强，规模养殖户愿意采用三类清洁生产技术的意愿越高。综合所得的边际效应结果可知，不考虑其他条件的情况下，公众认可规范强度增强一个层次，规模养殖户对粪污制有机肥技术、制饲料技术、种养结合技术的采用意愿各提高2.967%、3.998%、3.161%。可能的解释是，畜禽养殖选址在农村公共场域，具有社会化属性。一般而言公众对畜禽养殖清洁生产的认可较高，在这样的社会环境下，规模养殖户清洁生产行为在得到他人肯定的同时，其也更容易获取清洁生产所需的各种资源。这些都有利于提高规模养殖户的畜禽养殖生产效益。所以公众认可规范强度越大，规模养殖户对清洁生产技术的行为意愿越高。鉴于此，假设H5-5得到验证。

六是群体行为规范的影响分析。群体行为规范变量仅在粪污制有机肥技术、制饲料技术的回归中显著。具体而言，在两个模型回归结果中，群体行为规范变量分别在5%、1%的水平上显著为正，这说明群体行为规范的强度越大，规模养殖户对粪污制有机肥技术、制饲料技术的采用意愿越高。综合所得的边际效应结果可知，不考虑其他条件的情况下，群体行为规范强度增强一个层次，规模养殖户对粪污制有机肥技术、制饲料技术的采用意愿分别提高2.255%、3.848%。这可能是由于，规模养殖户相关行为意愿常常具有环境依赖性，其行为通常会遵循公众共有的意志和行为。而公众的环保行为会给规模养殖户施以群体性压力。由此，群体环保行为规范强度越大，规模养殖户采用清洁生产技术的行为意愿越高。鉴于此，假设 H5－6 得到验证。

（2）控制变量的影响分析。

一是个人特征的影响分析。如表5－3所示，由回归结果可知，与男性相比，女性愿意采用粪污制沼气技术的可能性高 13.191%；而与女性相比，男性愿意采用粪污制饲料技术、种养结合技术的可能性分别高 9.446%、6.882%。可能的解释是，由于“男主外，女主内”家庭观念的存在，女性在家庭分工中更多地承担了炊事职能（何可等，2015），粪污制沼气技术可以有效提高女性炊事工作效率（方黎明和陆楠，2019），因此，与男性相比，该技术更受女性的青睐。在家庭分工中，男性通常为家庭农业生产的决策者（Eklund，2015），而粪污制饲料技术、种养结合技术可以缓解男性粪污处理的压力，因此，与女性相比，这两种技术更受具有生产决策权的男性的青睐。受教育水平仅在种养结合技术的模型中显著为正，且受教育水平每提高一个层次，规模养殖户对此类技术采用意愿提高 0.723%。可能是因为规模养殖户接受文化程度越高，知识储备越足，更容易感受到环境污染的威胁，也更容易认识到该技术的经济和环境效益，因此，其对该技术的采用意愿越强。粪污制沼气技术、种养结合技术的回归结果中，健康状况均在1%的水平上显著为正，且健康状况增强一个层次，规模养殖户对两种技术的采用意愿各提高 3.857%、3.573%。可能是由于规模养殖户越健康，其采用两类清洁生产技术的体力和精力越好，因此对两种技术的采用意愿可能越高。

二是家庭特征的影响分析。在粪污制沼气技术、种养结合技术的回归结果中，家庭年收入变量均在5%的水平上显著为正，且家庭年收入增强一个层次，规模养殖户对这两类清洁生产技术的采用意愿各降低 0.045%、0.062%。这可能是因为家庭年收入越高，规模养殖户的资金充足，行为选择越多，加之两类清洁生产技术的采用过程较为复杂，具有较大的效益不确定性，所以规模养殖户可能越不愿意采用这两种清洁生产技术。家中是否有村干部仅对规模养殖户粪污制有机肥技术的采用意愿有正向影响，且与普通家庭相比，家中有村干部的规模养殖户对粪污制有机肥技术的采用意愿会提高5.006%，这是因为村干部家庭成员可以为规模养殖户提供更多的相关信息，且规模养殖户对政府相关政策更了解，也更能认识到该技术的优点，所以对该技术采用意愿越高。

三是生猪养殖特征的影响分析。在四个模型中，养殖年限变量各在5%、5%、1%、10%的水平上显著为负，养殖年限提升一年，规模养殖户对四类技术的采用意愿各降低0.354%、0.355%、0.663%、0.239%。这是由于规模养殖户的养殖年限越高，其受传统经验的影响越大，更不容易摒除既有的技术采用习惯，所以愿意采用四种清洁生产技术的概率越低。

四是其他特征的影响分析。在粪污制有机肥技术、制饲料技术的模型中，对两类技术的了解程度各在10%、1%的水平上显著为正，对两类技术了解程度每增强一个层次，规模养殖户对两类技术的采用意愿各提高2.293%、3.625%。这可能是因为，规模养殖户对两类技术的了解程度越高，越能认识到两类技术的环境和经济效益，进而越愿意采用这些清洁生产技术。在粪污制有机肥技术、制饲料技术的模型结果中，风险感知各在1%、10%的统计水平上显著为负，风险感知每增强一个层次，规模养殖户对两类清洁生产技术的采用意愿各降低3.559%、2.926%。可能的解释是，对两类清洁生产技术采用获得的收益，尤其是经济收益，具有极大的不确定性（孔凡斌等，2016），因此对这两种清洁生产技术风险感知越高的规模养殖户，可能越不愿意采用这两种清洁生产技术。

表5-3　环境规制、社会规范影响规模养殖户四类清洁技术行为意愿的回归结果

变量	粪污制沼气		粪污制有机肥		粪污制饲料		种养结合	
	回归结果	边际效应	回归结果	边际效应	回归结果	边际效应	回归结果	边际效应
激励型环境规制	0.330** (0.151)	2.131%** (0.010)	0.430*** (0.139)	3.229%*** (0.011)	0.378*** (0.129)	4.515%*** (0.015)	0.448*** (0.151)	2.867%*** (0.010)
监督型环境规制	-0.013 (0.181)	-0.085% (0.012)	0.088 (0.159)	0.660% (0.012)	0.252** (0.127)	3.007%** (0.015)	-0.036 (0.167)	-0.228% (0.011)
社会责任规范	0.327* (0.178)	2.107%* (0.011)	0.418** (0.163)	3.136%*** (0.012)	0.382*** (0.124)	4.560%*** (0.014)	0.383** (0.153)	2.453%** (0.010)
个人道德规范	0.648*** (0.208)	4.178%*** (0.012)	0.468*** (0.154)	3.511%*** (0.011)	0.172 (0.123)	2.053% (0.015)	0.590*** (0.171)	3.781%*** (0.010)

续表

变量	粪污制沼气		粪污制有机肥		粪污制饲料		种养结合	
	回归结果	边际效应	回归结果	边际效应	回归结果	边际效应	回归结果	边际效应
公众认可规范	0. 203	1. 312%	0. 395***	2. 967%***	0. 335***	3. 998%***	0. 493***	3. 161%***
	(0. 158)	(0. 010)	(0. 141)	(0. 010)	(0. 125)	(0. 014)	(0. 157)	(0. 010)
群体行为规范	0. 198	1. 279%	0. 300**	2. 255%**	0. 322***	3. 848%***	0. 234	1. 497%
	(0. 169)	(0. 011)	(0. 140)	(0. 010)	(0. 117)	(0. 014)	(0. 151)	(0. 009)
性别	-2. 044**	-13. 191%**	-0. 617	-4. 636%	0. 791**	9. 446%**	1. 074**	6. 882%**
	(0. 875)	(0. 057)	(0. 596)	(0. 044)	(0. 325)	(0. 038)	(0. 480)	(0. 031)
年龄	-0. 008	-0. 053%	0. 004	0. 032%	-0. 015	-0. 175%	0. 021	0. 134%
	(0. 019)	(0. 001)	(0. 020)	(0. 002)	(0. 015)	(0. 002)	(0. 021)	(0. 001)
受教育水平	0. 076	0. 489%	0. 074	0. 559%	0. 009	0. 104%	0. 113**	0. 723%**
	(0. 049)	(0. 003)	(0. 047)	(0. 004)	(0. 036)	(0. 004)	(0. 046)	(0. 003)
健康状况	0. 598***	3. 857%***	0. 092	0. 688%	-0. 074	-0. 886%	0. 558***	3. 573%***
	(0. 205)	(0. 013)	(0. 154)	(0. 012)	(0. 138)	(0. 017)	(0. 163)	(0. 011)
劳动力数量	0. 049	0. 313%	-0. 170	-1. 275%	0. 057	0. 679%	-0. 054	-0. 345%
	(0. 139)	(0. 009)	(0. 121)	(0. 009)	(0. 105)	(0. 013)	(0. 127)	(0. 008)
家庭年收入	-0. 007**	-0. 045%**	-0. 004	-0. 032%	-0. 003	-0. 039%	-0. 010**	-0. 062%**
	(0. 003)	(0. 000)	(0. 003)	(0. 000)	(0. 003)	(0. 000)	(0. 004)	(0. 000)
是否有村干部	0. 510	3. 288%	0. 667*	5. 006%*	0. 199	2. 376%	-0. 024	-0. 152%
	(0. 403)	(0. 026)	(0. 357)	(0. 027)	(0. 256)	(0. 031)	(0. 338)	(0. 022)
养殖规模	0. 196	1. 263%	-0. 161	-1. 207%	0. 284	3. 395%	0. 188	1. 201%
	(0. 295)	(0. 019)	(0. 250)	(0. 019)	(0. 220)	(0. 026)	(0. 285)	(0. 018)
养殖年限	-0. 055**	-0. 354%**	-0. 047**	-0. 355%**	-0. 055***	-0. 663%***	-0. 037*	-0. 239%*
	(0. 022)	(0. 001)	(0. 022)	(0. 002)	(0. 022)	(0. 003)	(0. 020)	(0. 001)
了解程度1	-0. 122	-0. 790%	-	-	-	-	-	-
	(0. 153)	(0. 010)						
了解程度2	-	-	0. 305*	2. 293%*	-	-	-	-
			(0. 185)	(0. 014)				
了解程度3	-	-	-	-	0. 304***	3. 625%***	-	-
					(0. 116)	(0. 014)		
了解程度4	-	-	-	-	-	-	0. 188	1. 205%
							(0. 162)	(0. 011)
技术培训	-0. 020	-0. 130%	0. 405	3. 041%	-0. 188	-2. 241%	-0. 241	-1. 542%
	(0. 317)	(0. 020)	(0. 281)	(0. 021)	(0. 241)	(0. 029)	(0. 331)	(0. 021)
风险感知	-0. 072	-0. 465%	-0. 474***	-3. 559%***	-0. 245*	-2. 926%*	-0. 128	-0. 819%
	(0. 207)	(0. 013)	(0. 179)	(0. 013)	(0. 138)	(0. 016)	(0. 225)	(0. 014)
常数项	3. 089*	-	3. 061**	-	1. 185	-	-2. 477	-
	(1. 720)		(1. 449)		(1. 172)		(1. 643)	
地区哑变量（以鄂东为参照组）	已控制	-	已控制	-	已控制	-	已控制	-
Log likelihood	-162. 125	-	-180. 629	-	-272. 429		-156. 961	-
Prob. > chi^2	0. 000	-	0. 000	-	0. 000	-	0. 000	-
Pseudo R^2	0. 238	-	0. 301	-	0. 215	-	0. 351	-
Wald chi^2	96. 760	-	125. 180	-	104. 730	-	111. 130	-

注：*、**、*** 分别表示10%、5%、1%的显著水平。括号内为稳健标准误。

5.3　稳健性检验

对上述结果进行稳健性分析，本章节用 PCA 分析法得到的环境规制（HZ）和社会规范（SF）变量去替代环境规制二级指标、社会规范二级指标，并将环境规制（HZ）、社会规范（SF）两个变量纳入粪污制沼气技术、制有机肥技术、制饲料技术、种养结合技术的模型中进行估计。表5－4汇报了四个模型的估计结果。由表5－4可知，在粪污制有机肥技术、制饲料技术的模型估计结果中，环境规制各在5%、1%的水平上显著为正；在粪污制沼气技术、制有机肥技术、制饲料技术、种养结合技术的模型估计结果中，社会规范变量均在1%的水平上显著为正。说明环境规制、社会规范对规模养殖户清洁生产技术采用意愿均有促进作用。这一结论检验了上一小节的所得结果，即环境规制、社会规范强度越大，规模养殖户愿意采用畜禽养殖清洁生产技术的可能性越大。控制变量中性别、受教育水平、健康状况、家庭年收入、家中是否有村干部、养殖年限、技术了解程度、风险感知情况变量仍然显著，与上一小节的所得结果基本一致。因此，本章所得结果具有稳健性。

表5－4　　环境规制、社会规范替代其各指标的回归结果

变量	粪污制沼气	粪污制有机肥	粪污制饲料	种养结合
环境规制（HZ）	0.286(0.256)	0.495**(0.223)	0.634***(0.205)	0.383(0.234)
社会规范（SF）	1.317***(0.390)	1.584***(0.382)	1.202***(0.299)	1.651***(0.376)
性别	－2.101**(0.904)	－0.658(0.592)	0.805**(0.327)	0.968**(0.465)
年龄	－0.006(0.019)	0.005(0.020)	－0.014(0.015)	0.023(0.021)
受教育水平	0.083*(0.049)	0.078(0.048)	0.009(0.036)	0.121**(0.047)
健康状况	0.598***(0.198)	0.070(0.152)	－0.094(0.137)	0.545***(0.162)
劳动力数量	0.054(0.137)	－0.170(0.118)	0.058(0.104)	－0.050(0.126)
家庭年收入	－0.007**(0.003)	－0.004(0.003)	－0.003(0.003)	－0.009**(0.004)
是否有村干部	0.494(0.394)	0.634*(0.342)	0.158(0.252)	0.036(0.328)

续表

变量	粪污制沼气	粪污制有机肥	粪污制饲料	种养结合
养殖规模	0.181(0.300)	-0.216(0.254)	0.270(0.220)	0.164(0.292)
养殖年限	-0.050** (0.023)	-0.045** (0.021)	-0.058*** (0.022)	-0.035* (0.020)
了解程度1	-0.119(0.148)	-	-	-
了解程度2	-	0.321* (0.178)	-	-
了解程度3	-	-	0.292** (0.117)	-
了解程度4	-	-	-	0.145(0.161)
技术培训	0.012(0.308)	0.443(0.278)	-0.169(0.238)	-0.193(0.323)
风险感知	-0.112(0.211)	-0.483*** (0.174)	-0.227* (0.134)	-0.182(0.217)
常数项	2.906* (1.727)	3.109** (1.424)	1.240(1.164)	-1.961(1.602)
地区哑变量（以鄂东为参照组）	已控制	已控制	已控制	已控制
Log likelihood	-165.873	-182.349	-274.173	-161.246
Prob. > chi^2	0.000	0.000	0.000	0.000
Pseudo R^2	0.211	0.294	0.210	0.333
Wald chi^2	71.200	99.050	100.130	98.620

注：*、**、*** 分别表示10%、5%、1%的显著水平。括号内为稳健标准误。

不仅如此，本章节还采用替换样本法、替换模型的方法对估计结果进行进一步稳健性检验。具体而言，由于畜禽养殖清洁生产活动对劳动者体力消耗较大，而老年人体质通常较弱，不宜从事此类生产行为。此外，国家政府推广畜禽养殖清洁生产聚焦于适龄劳动者。鉴于此，为了再次检验上一小节估计结果的稳健性，本小节依据《中华人民共和国老年人权益保障法》对我国老年人的定义，不考虑60周岁以上的老年人样本，依旧控制个人特征、家庭特征、养殖特征、其他特征，对非老年人样本进行二元Logistic估计。此外，本小节还采用换模型的方法，运用二元Probit模型对全样本进行重新估计。表5-5汇报了两种稳健性检验方法的估计结果。由表5-5可知，两种稳健性检验方法估计结果显示，关键自变量对规模养殖户四类清洁生产技术采用意愿的影响均与表5-3汇报的估计结果一致，这进一步说明本书的估计结果极具稳健性。

表5-5　　　　无老年人样本回归和 Probit 模型回归结果

变量	粪污制沼气		粪污制有机肥		粪污制饲料		种养结合	
	无老人样本回归	Probit全样本回归	无老人样本回归	Probit全样本回归	无老人样本回归	Probit全样本回归	无老人样本回归	Probit全样本回归
激励型环境规制	0.369** (0.158)	0.218*** (0.079)	0.453*** (0.143)	0.267*** (0.076)	0.357*** (0.132)	0.224*** (0.070)	0.467*** (0.156)	0.253*** (0.078)
监督型环境规制	0.005 (0.184)	0.004 (0.092)	0.083 (0.163)	0.054 (0.084)	0.251* (0.131)	0.137** (0.069)	0.027 (0.173)	-0.022 (0.086)
社会责任规范	0.290 (0.182)	0.175** (0.086)	0.390** (0.168)	0.216*** (0.082)	0.345*** (0.128)	0.214*** (0.067)	0.386** (0.160)	0.225*** (0.082)
个人道德规范	0.590*** (0.211)	0.313*** (0.095)	0.430*** (0.161)	0.241*** (0.079)	0.183 (0.128)	0.093 (0.067)	0.610*** (0.174)	0.293*** (0.084)
公众认可规范	0.194 (0.158)	0.087 (0.078)	0.417*** (0.142)	0.209*** (0.075)	0.349*** (0.127)	0.166** (0.067)	0.503*** (0.161)	0.239*** (0.080)
群体行为规范	0.167 (0.178)	0.095 (0.081)	0.266* (0.148)	0.157** (0.073)	0.380*** (0.124)	0.179*** (0.065)	0.226 (0.157)	0.104 (0.078)
性别	-1.966** (0.848)	-1.101*** (0.399)	-0.570 (0.598)	-0.282 (0.298)	0.806** (0.336)	0.439** (0.191)	1.146** (0.498)	0.603** (0.249)
年龄	-0.010 (0.022)	-0.003 (0.010)	0.012 (0.020)	0.003 (0.010)	0.002 (0.015)	-0.008 (0.008)	0.020 (0.024)	0.011 (0.010)
受教育水平	0.069 (0.049)	0.037 (0.025)	0.072 (0.048)	0.038 (0.026)	0.012 (0.036)	0.005 (0.020)	0.094** (0.046)	0.056** (0.024)
健康状况	0.592*** (0.200)	0.314*** (0.100)	0.116 (0.156)	0.047 (0.084)	-0.089 (0.136)	-0.042 (0.076)	0.523*** (0.166)	0.324*** (0.086)
劳动力数量	0.040 (0.143)	0.038 (0.072)	-0.202 (0.124)	-0.107 (0.065)	-0.001 (0.105)	0.031 (0.059)	-0.066 (0.132)	-0.015 (0.066)
家庭年收入	-0.007** (0.003)	-0.004** (0.002)	-0.004 (0.003)	-0.002 (0.002)	-0.003 (0.003)	-0.002 (0.002)	-0.009** (0.004)	-0.005*** (0.002)
是否有村干部	0.483 (0.430)	0.256 (0.187)	0.662* (0.383)	0.394** (0.184)	0.224 (0.274)	0.126 (0.143)	-0.222 (0.346)	-0.018 (0.177)
养殖规模	0.246 (0.298)	0.096 (0.148)	-0.119 (0.261)	-0.099 (0.134)	0.148 (0.229)	0.178 (0.123)	0.211 (0.296)	0.070 (0.147)
养殖年限	-0.048* (0.025)	-0.031*** (0.012)	-0.045 (0.024)	-0.029** (0.012)	-0.047* (0.022)	-0.032*** (0.011)	-0.036 (0.022)	-0.020 (0.011)
了解程度1	-0.105 (0.153)	-0.039 (0.077)	-	-	-	-	-	-
了解程度2	-	-	0.295 (0.187)	0.171* (0.093)	-	-	-	-
了解程度3	-	-	-	-	0.251** (0.118)	0.189*** (0.064)	-	-

续表

变量	粪污制沼气		粪污制有机肥		粪污制饲料		种养结合	
	无老人样本回归	Probit全样本回归	无老人样本回归	Probit全样本回归	无老人样本回归	Probit全样本回归	无老人样本回归	Probit全样本回归
了解程度4	-	-	-	-	-	-	0.188 (0.167)	0.118 (0.081)
技术培训	-0.060 (0.327)	-0.008 (0.159)	0.435 (0.288)	0.190 (0.149)	-0.166 (0.247)	-0.097 (0.133)	-0.323 (0.352)	-0.110 (0.168)
风险感知	-0.515 (0.215)	-0.023 (0.095)	-0.477** (0.187)	-0.256*** (0.093)	-0.207 (0.143)	-0.123* (0.073)	-0.171 (0.231)	-0.068 (0.103)
常数项	2.887 (1.766)	1.573* (0.836)	2.585 (1.453)	1.748** (0.753)	0.852 (1.180)	0.549 (0.646)	-1.675 (1.729)	-1.158 (0.809)
地区哑变量（以鄂东为参照组）	已控制	已控制	已控制	已控制	已控制	已控制	已控制	已控制
样本量	683	711	683	711	683	711	683	711
Log likelihood	-157.516	-162.347	-173.120	-180.541	-258.085	-272.574	-148.658	-158.177
Prob. > chi^2	0.000	0.000	0.000	0.000	0.000	0.000	0.000	0.000
Pseudo R^2	0.216	0.237	0.292	0.301	0.206	0.215	0.354	0.346
Wald chi^2	88.810	100.200	116.880	134.620	97.170	118.630	112.090	126.650

注：*、**、***分别表示10%、5%、1%的显著水平。括号内为稳健标准误。

5.4 异质性分析

上一节实证探讨了环境规制、社会规范的二级指标对规模养殖户粪污制沼气技术、制有机肥技术、制饲料技术、种养结合技术采用意愿的影响，未分析该影响是否随着规模养殖户特征的不同而有差别。所以，本章节将基于不同的分析视角，采用似无相关模型检验法，实证探讨环境规制、社会规范的二级指标对不同类型规模养殖户对四类清洁生产技术采用意愿的影响是否不同。

本书分析了组间系数的显著性差异。连玉君和廖俊平等（2017）研究表明，通常，常用的检验组间系数显著性差异的方法主要包括基于似无相关模型的检验、引入交叉项检验、费舍尔组合检验。比较而言，基于似无相关模型的检验方法比后两种方法优势更加明显，此方法可以估计不同组的变量系数之间的差异，也可以估计不同组干扰项的分布特征差异或存在相关关系。这个方法符合本书的研究内容。所以，基于连玉君等（2010）以及连玉君和廖俊平（2017）的研究，本章节将采用基于似无相关模型检验方法，实证分析环境规制、社会规范的二级指标对不同特征规模养殖户的清洁生产行为意愿的组间影响差异。需要强调的是，鉴于本书的研究目的，本章节只关注并解释组间系数差异显著的关键自变量，不展开讨论组间系数无显著性差异的关键自变量。

5.4.1　规模养殖户粪污制沼气采用意愿的组间影响差异分析

基于既有研究，本章节依据养殖经验和技术培训的差异，将规模养殖户进行分组估计，表5－6汇报了估计结果。

1. 环境规制、社会规范对养殖经验不同组粪污制沼气采用意愿的影响差异分析

正如朱宁和秦富（2016）所指出的那样，养殖经验是养殖户畜禽养殖生产时的重要影响因素。通常，畜禽养殖具有严重的环境负外部性特征，而养殖户要促进畜禽养殖的可持续、高质量发展仅仅依据经验的指导远远不够，还需要接受新的技术和新鲜事物，并将新技术应用于畜禽养殖清洁生产实践中。孟祥海等（2015）的研究指出，推广、实践畜禽养殖清洁生产时，养殖年限越长的规模养殖户，其受传统养殖经验和观念的影响可能较大，因此其对清洁生产技术的接受程度不高。孔凡斌等（2016）的研究则表明，由于养殖年限较长，规模养殖户可能对养殖业的发展趋势把握得更加准确，更能够认识到畜禽粪污环境污染的危害，因此对清洁生产技术的采用意愿可能越强。基于以上分析可知，养殖年限是影响畜禽养殖清洁生产推广的重要因素。因此，本章节将实证辨析环境规制、社会规范的二级指标对养殖年限不同的规模养殖户粪污制沼气清洁生产技术采用意愿的影响是否存在差异。依据调研数据的特征，本章节将样本规模养殖户划分为养殖经验丰富组（养殖年限高于样本养殖年限均值）、养殖经验欠缺组

（养殖年限低于样本养殖年限均值）两类，并对两个子样本进行分组估计。

表5－6汇报了分组估计结果，即第（1）、第（2）列，以及组间差异性检验结果，即相应的p值。由表5－6可知，公众认可规范仅显著正向影响养殖经验欠缺组粪污制沼气采用意愿。由似无相关模型检验方法得到的p值在5%的水平上显著异于零，说明公众认可规范对养殖经验丰富组、养殖经验欠缺组相关行为意愿的影响具有显著差异。这表明，与养殖经验丰富组不受影响不同，对养殖经验欠缺组来说，公众认可规范强度越大，其对粪污制沼气技术的采用意愿可能越大。这可能是因为，养殖经验欠缺组由于受既有养殖经验和养殖习惯的影响较小，思维相对较开阔，因此更倾向于接受他人的建议。所以，公众认可规范有利于提高养殖经验欠缺组粪污制沼气技术的采用意愿。

表5－6　　不同特征规模养殖户粪污制沼气采用意愿回归结果

变量	不同养殖年限组间对比			参加、未参加技术培训组间对比		
	养殖经验丰富组（1）	养殖经验欠缺组（2）	p值	参加组（3）	未参加组（4）	p值
激励型环境规制	0.166 (0.267)	0.581** (0.266)	0.209	0.935*** (0.263)	−0.133 (0.316)	0.007***
监督型环境规制	−0.038 (0.232)	−0.015 (0.260)	0.956	0.634** (0.247)	−0.421 (0.293)	0.010**
社会责任规范	0.559** (0.242)	0.153 (0.220)	0.271	0.278 (0.245)	0.696** (0.279)	0.251
个人道德规范	0.397 (0.250)	0.883*** (0.252)	0.236	0.462* (0.250)	1.211*** (0.318)	0.097*
公众认可规范	−0.158 (0.239)	0.492** (0.217)	0.040**	−0.063 (0.226)	0.618** (0.284)	0.072*
群体行为规范	0.253 (0.236)	0.161 (0.234)	0.080*	−0.016 (0.222)	0.528* (0.279)	0.156
控制变量	Yes	Yes		Yes	Yes	
常数项	3.490 (2.810)	5.500** (2.355)		1.872 (2.415)	5.117 (3.217)	
样本量	266	445		471	240	

续表

变量	不同养殖年限组间对比			参加、未参加技术培训组间对比		
	养殖经验丰富组（1）	养殖经验欠缺组（2）	p 值	参加组（3）	未参加组（4）	p 值
Log likelihood	-67.220	-83.916		-82.737	-53.079	
Prob. > chi^2	0.000	0.000		0.000	0.000	
Pseudo R^2	0.266	0.301		0.322	0.400	
LR chi^2	48.820	72.380		78.750	70.760	

注：*、**、*** 分别表示10%、5%、1%的显著水平。括号内为稳健标准误。“p 值”为运用似无相关模型 SUR 检验环境规制、社会规范的二级指标在不同组间系数差异显著性而得。

2. 环境规制、社会规范对不同技术培训参与组粪污制沼气技术采用意愿的影响差异分析

董金朋等（2018）研究表明，目前养殖户对相关清洁生产技术认知较低是阻碍这些技术进一步推广的重要因素，而技术培训是显著提高养殖户对相关技术认知的重要途径（孔凡斌等，2016）。因此，本章节进一步探究环境规制、社会规范的二级指标对参加、不参加技术培训规模养殖户粪污制沼气技术采用意愿的影响差异。根据调研数据情况，本书将规模养殖户划分为参加组（即参加技术培训的规模养殖户）、未参加组（即未参加技术培训的规模养殖户）两组，并对两组样本进行分组估计。

表5-6汇报了估计结果，即第（3）、第（4）列以及组间差异性检验结果，即对应的p值。由表5-6可知：（1）激励型环境规制、监督型环境规制显著正向影响参加组粪污制沼气技术的采用意愿，但不显著影响未参加组对该技术的采用意愿。由似无相关模型检验方法得到的p值分别在1%、5%的水平上显著异于零。这表明与未参加组不同，对于参加组而言，激励型环境规制、监督型环境规制强度越大，其对粪污制沼气技术的采用意愿越强。这可能是因为，技术培训参加组对激励型、监督型政策法规了解得越多，越能清楚地认识粪污制沼气技术的环境效益。所以，激励型环境规制、监督型环境规制有利于提高参加组粪污制沼气技术的采用意愿。（2）个人道德规范均显著正向影响参加组和未参加组的粪污制沼气技术采用意愿，且对未参加组的影响更甚。由似无相关模型检验方法得到的

p值在10%的水平上显著，表明个人道德规范对参加组、未参加组相关行为意愿的影响具有显著差异。这说明，个人道德规范越强，未参加组与参加组相比，其对粪污制沼气技术采用意愿越高。可能的解释是，与参加组相比，未参加组对相关政策、技术的了解较少，其对粪污制沼气技术采用意愿更多地会受个性特征的影响。所以，比较而言，个人道德规范对未参加组粪污制沼气技术采用意愿的影响更大。（3）公众认可规范仅显著正向影响未参加组粪污制沼气技术的采用意愿。由似无相关模型检验方法得到的p值在10%的水平上显著异于零，表明公众认可规范对参加组、未参加组相关行为意愿的影响具有显著差异。这说明，与参加组不受影响不同，公众认可规范强度越大，参加组对粪污制沼气技术的采用意愿越高。这可能是因为，未参加组对相关政策、技术的了解甚少，所以其采用意愿更有可能受到他人言语评价的影响。所以，公众认可规范有利于提高未参加组对粪污制沼气技术的采用意愿。

5.4.2 规模养殖户粪污制有机肥采用意愿的组间影响差异分析

另外，基于现实背景和既有研究，利用所获得的湖北省调查数据，本章节依据规模养殖户家庭收入不同、是否接受技术培训，将规模养殖户进行分组估计，表5-7汇报了估计结果。

1. 环境规制、社会规范对家庭收入不同组粪污制有机肥行为意愿的影响差异分析

畜禽养殖清洁技术的采用要求规模养殖户具有一定的家庭经济基础。正如孔凡斌等（2016）的研究所指出的那样，经济条件是养殖户相关清洁生产行为的主要考虑因素，其中，经济条件越好，养殖户对风险的抗击能力越强。因此，本章节进一步探究了环境规制、社会规范的二级指标对家庭收入不同组规模养殖户粪污制有机肥技术采用意愿的影响差异。依据调研数据的特征，本章节将样本规模养殖户划分为高收入组（家庭年收入高于样本均值）、低收入组（家庭年收入低于样本均值）两类，对两组样本进行分组估计。

表5－7汇报了估计结果，即第（1）、第（2）列，以及组间差异性检验结果，即对应的p值。由表5－7可知：（1）社会责任规范、个人道德规范均显著正向影响低收入组粪污制有机肥技术的采用意愿，由似无相关模型检验方法得到的p值各在5%、10%的水平上显著，说明以上差异在统计上具有显著性。这表明，较之高收入组不受影响，社会责任规范、个人道德规范的强度越大，低收入组对粪污制有机肥技术的采用意愿均越强。（2）激励型环境规制仅显著正向影响高收入组粪污制有机肥技术的采用意愿。由似无相关模型检验方法得到的p值在10%的水平上显著，说明激励型环境规制对高、低收入组相关行为意愿的影响差异显著。即较之低收入组不受影响，激励型环境规制强度越大，高收入组对粪污制有机肥技术的采用意愿越强，这一结果可能与高收入组对成本比较敏感有关。

表5－7　不同特征规模养殖户粪污制有机肥采用意愿回归结果

变量	高、低家庭年收入组间对比			参加、未参加技术培训组间对比		
	高收入组 （1）	低收入组 （2）	p值	参加组 （3）	未参加组 （4）	p值
激励型环境规制	0.853** (0.360)	0.276 (0.202)	0.087*	0.865*** (0.249)	0.071 (0.257)	0.019**
监督型环境规制	0.610* (0.365)	−0.028 (0.184)	0.126	0.486** (0.224)	−0.275 (0.246)	0.017**
社会责任规范	−0.170 (0.351)	0.726*** (0191)	0.043**	0.484** (0.235)	0.582** (0.227)	0.778
个人道德规范	0.090 (0.335)	0.705*** (0.195)	0.066*	0.325 (0.225)	0.699*** (0.244)	0.271
公众认可规范	0.199 (0.356)	0.467*** (0.168)	0.420	0.078 (0.212)	0.796*** (0.254)	0.027**
群体行为规范	−0.094 (0.341)	0.319* (0.182)	0.231	0.361* (0.207)	0.241 (0.228)	0.689
控制变量	Yes	Yes		Yes	Yes	
常数项	7.254 (4.669)	3.321* (1.812)		3.115 (2.087)	1.848 (2.521)	

续表

变量	高、低家庭年收入组间对比			参加、未参加技术培训组间对比		
	高收入组（1）	低收入组（2）	p 值	参加组（3）	未参加组（4）	p 值
样本量	124	587		471	240	
Log likelihood	-36.530	-129.057		-94.225	-73.780	
Prob. > chi^2	0.009	0.000		0.000	0.000	
Pseudo R^2	0.333	0.362		0.312	0.355	
LR chi^2	36.510	146.310		85.330	81.120	

注：*、**、*** 分别表示 10%、5%、1% 的显著水平。括号内为稳健标准误。“p 值”为运用似无相关模型 SUR 检验环境规制、社会规范的二级指标在不同组间系数差异显著性而得。

2. 环境规制、社会规范对技术培训参加组和未参加组粪污制有机肥行为意愿的影响差异分析

如上一章节所述，技术培训也是推广和实施畜禽养殖清洁生产的重要举措。本章节进一步对比了环境规制、社会规范的二级指标对技术培训参加组、未参加组规模养殖户粪污制有机肥技术采用意愿的影响差异。

表 5 - 7 汇报了估计结果，即第（3）、第（4）列，以及组间差异性检验结果，即相应的 p 值。由表 5 - 7 可知：（1）激励型环境规制、监督型环境规制仅显著正向影响参加组粪污制有机肥技术的采用意愿，由似无相关模型检验方法得到的 p 值均在 5% 的统计水平上显著，说明激励型环境规制、监督型环境规制对参加组、未参加组相关行为意愿的影响具有显著差异。这表明，较之未参加组不受影响，激励型环境规制、监督型环境规制强度越大，参加组对粪污制有机肥技术的采用意愿越高。这一结果可能与参加组对激励型、监督型政策法规比较了解有关。（2）公众认可规范仅显著正向影响未参加组粪污制有机肥技术的采用意愿，由似无相关检验方法得到的 p 值在 1% 的统计水平上显著，说明公众认可规范对参加组、未参加组相关行为意愿的影响具有显著差异。这表明，较之参加组不受影响，公众认可规范强度越大，未参加组对粪污制有机肥技术的采用意愿越强。这可能是因为，与参加组不同，未参加组规模养殖户对相关政策、技术的了解较少，其对粪污制有机肥技术的采用意愿更有

可能受他人的影响。

5.4.3　规模养殖户粪污制饲料采用意愿的组间影响差异分析

如5.4.1节所述，养殖年限、技术培训是推广畜禽养殖清洁生产技术中的重要考虑因素。本章节延续5.4.1节依据养殖年限不同和技术培训参与情况对规模养殖户的划分标准，进一步探究环境规制、社会规范的二级指标对不同特征规模养殖户粪污制饲料行为意愿的影响差异，表5－8汇报了估计结果。

1. 环境规制、社会规范对不同养殖经验组粪污制饲料行为意愿的影响差异分析

由表5－8汇报的第（1）、第（2）列和相应的p值结果可知，（1）群体行为规范仅显著正向影响养殖经验丰富组粪污制饲料技术采用意愿。由似无相关检验方法得到的p值在5%的统计水平上显著，说明群体行为规范对养殖经验丰富组、养殖经验欠缺组相关行为意愿的影响具有显著差异。这表明，较之养殖经验欠缺组不受影响，群体行为规范强度越大，养殖经验丰富组对粪污制饲料技术的采用意愿越强。（2）个人道德规范仅显著正向影响养殖经验欠缺组粪污制饲料技术的采用意愿。由似无相关检验方法得到的p值在10%的统计水平上显著，说明个人道德规范对养殖经验丰富组、养殖经验欠缺组相关行为意愿的影响具有显著差异。这表明，较之养殖经验丰富组不受影响，个人道德规范强度越大，养殖经验欠缺组对粪污制饲料技术的采用意愿越强。这可能是因为，养殖经验欠缺组不受限于既有经验的影响，其粪污清洁处理意愿更容易受自身价值观的影响。

2. 环境规制、社会规范对技术培训参加组和未参加组粪污制饲料行为意愿的影响差异分析

由表5－8汇报的第（3）、第（4）列和相应的p值结果可知，（1）激励型环境规制、监督型环境规制均显著正向影响参加组规模养殖户粪污制饲料技术的采用意愿，而对未参加组粪污制饲料技术采用意愿的影响不显著。由似无相关检验方法得到的p值均在1%的水平上显著，说明激励型

环境规制、监督型环境规制对参加组、未参加组相关行为意愿的影响具有显著差异。这表明，较之未参加组不受影响，激励型环境规制、监督型环境规制强度越大，技术培训参加组对粪污制饲料技术的采用意愿越强。这一结果可能与技术培训参加组对相关政策法规较为了解有关。（2）个人道德规范、公众认可规范仅显著正向影响参加组粪污制饲料技术的采用意愿，由似无相关检验方法得到的 p 值分别在 5%、1% 的统计水平上显著，说明个人道德规范、公众认可规范对参加组、未参加组相关行为意愿的影响具有显著差异。这表明，与参加组不受影响不同，个人道德规范、公众认可规范强度越大，未参加组规模养殖户对粪污制饲料技术的采用意愿越强。这一结果可能与未参加组对相关政策、技术不太了解，因此更容易受自身价值观和他人言语的影响有关。

表 5-8　　不同特征规模养殖户粪污制饲料采用意愿回归结果

变量	不同养殖年限组间对比			参加、未参加技术培训组间对比		
	养殖经验丰富组（1）	养殖经验欠缺组（2）	p 值	参加组（3）	未参加组（4）	p 值
激励型环境规制	0.542** (0.217)	0.378** (0.168)	0.563	0.814*** (0.186)	-0.092 (0.213)	0.001***
监督型环境规制	0.261 (0.195)	0.244 (0.174)	0.952	0.641*** (0.168)	-0.151 (0.219)	0.003***
社会责任规范	0.416** (0.205)	0.333** (0.164)	0.756	0.363** (0.175)	0.569*** (0.192)	0.417
个人道德规范	-0.132 (0.196)	0.321** (0.159)	0.081*	-0.090 (0.162)	0.517** (0.200)	0.018**
公众认可规范	0.194 (0.209)	0.328** (0.149)	0.627	-0.002 (0.160)	0.762*** (0.219)	0.007***
群体行为规范	0.693*** (0.183)	0.097 (0.160)	0.014**	0.283* (0.150)	0.386* (0.197)	0.678
控制变量	Yes	Yes		Yes	Yes	
常数项	2.921 (1.992)	0.519 (1.572)		0.239 (1.435)	0.954 (2.128)	
样本量	266	445		471	240	

续表

变量	不同养殖年限组间对比			参加、未参加技术培训组间对比		
	养殖经验丰富组（1）	养殖经验欠缺组（2）	p 值	参加组（3）	未参加组（4）	p 值
Log likelihood	-98.711	-157.434		-158.367	-95.387	
Prob. > chi^2	0.000	0.000		0.000	0.000	
Pseudo R^2	0.292	0.238		0.273	0.255	
LR chi^2	81.570	98.240		118.780	65.140	

注：*、**、*** 分别表示10%、5%、1%的显著水平。括号内为稳健标准误。“p 值”为运用似无相关模型 SUR 检验环境规制、社会规范的二级指标在不同组间系数差异显著性而得。

5.4.4　规模养殖户种养结合技术采用意愿的组间影响差异分析

进一步，本书还考察了环境规制、社会规范的二级指标对不同特征规模养殖户种养结合技术行为意愿的影响差异。

1. 环境规制、社会规范对不同风险感知程度规模养殖户种养结合技术行为意愿的影响差异分析

保罗等（Paudel et al.，2000）以及仇焕广等（2014）的研究表明，风险大小是养殖户从事一切生产活动时考虑的重要因素。加德妮娅和卡彭特（Gardenas and Carpenter，2005）的研究发现，与发达国家的农户相比，发展中国家农户的风险规避意识更强、风险规避程度可能更高。尤其在我国农村地区，与一般经济主体相比，作为典型小农经济主体的农民的风险规避程度可能更强（黄季焜等，2008）。由于畜禽养殖清洁生产的正常运作需要养殖户投入大量的人力、物力、财力，因此，养殖户对相关清洁生产技术的采用行为可能受风险感知的影响更大。鉴于此，基于调研数据的特征，本章节将受访规模养殖户划分为高风险组（认为新技术采用风险程度比较大、很大的规模养殖户）、低风险组（认为新技术采用风险程度很小、比较小、一般的规模养殖户）两类，实证分析环境规制、社会规范的二级指标对不同风险认知组种养结合技术采用意愿的影响差异。

由表5-9汇报的第（1）、第（2）列和相应的p值可知，（1）激励型环境规制仅显著正向影响低风险组规模养殖户对种养结合技术的采用意愿，由似无相关检验方法得到的p值在5%的统计水平上显著，说明激励型环境规制对高风险组、低风险组相关行为意愿的影响具有显著差异。这表明，较之高风险组不受影响，激励型环境规制力度越强，低风险组对种养结合技术的采用意愿越强。可能的解释是，低风险组的行为以维稳为主要标准，激励型环境规制减少了低风险组采用种养结合技术的经济风险，所以激励型环境规制能显著促进低风险组对种养结合技术的采用意愿。（2）个人道德规范均显著正向影响高风险组、低风险组对种养结合技术的采用意愿，且对高风险组行为意愿的影响更大，由似无相关检验方法得到的p值在10%的统计水平上显著，说明个人道德规范对高风险组、低风险组相关行为意愿的影响具有显著差异。这表明，与低风险组相比，个人道德规范对高风险组种养结合技术采用意愿的影响更大。这可能是因为，高风险组的个人道德规范越强，其对自我行为越有信心，并且越倾向于按照自我的正确价值观行事，因此也更有可能对种养结合技术拥有更高的采用意愿。

2. 环境规制、社会规范对技术培训参加组、未参加组种养结合技术行为意愿的影响差异分析

本章节还进一步比较了不同技术培训情况下，环境规制、社会规范的二级指标对规模养殖户种养结合技术采用意愿的影响差异。由表5-9汇报的第（3）、第（4）列和相应的p值可知，（1）激励型环境规制仅显著正向影响参加组种养结合技术的采用意愿。由似无相关检验方法得到的p值在1%的统计水平上显著，说明激励型环境规制对参加组、未参加组相关行为意愿的影响具有显著差异。这表明，较之未参加组不受影响，激励型环境规制的强度越大，参加组对种养结合技术的采用意愿越强。（2）公众认可规范仅显著正向影响未参加组种养结合技术的采用意愿。由似无相关检验方法得到的p值在10%的统计水平上显著，说明公众认可规范对参加组、未参加组相关行为意愿的影响具有显著差异。这表明，较之参加组不受影响，公众认可规范强度越大，未参加组对种养结合技术的采用意愿越强。

表 5-9　　不同特征规模养殖户种养结合技术采用意愿回归结果

变量	不同风险认知组间对比			参加、未参加技术培训组间对比		
	高风险组 (1)	低风险组 (2)	p 值	参加组 (3)	未参加组 (4)	p 值
激励型环境规制	-0.329 (0.476)	0.680*** (0.210)	0.023**	1.234*** (0.302)	-0.120 (0.281)	0.000***
监督型环境规制	0.477 (0.488)	-0.076 (0.185)	0.164	0.342 (0.249)	-0.187 (0.255)	0.125
社会责任规范	0.181 (0.405)	0.416** (0.178)	0.564	0.427* (0.248)	0.527** (0.244)	0.775
个人道德规范	1.121*** (0.426)	0.401** (0.182)	0.082*	0.387 (0.239)	0.755*** (0.250)	0.288
公众认可规范	0.481 (0.449)	0.510*** (0.166)	0.941	0.180 (0.225)	0.807*** (0.265)	0.063*
群体行为规范	0.118 (0.392)	0.233 (0.174)	0.721	0.096 (0.222)	0.453* (0.259)	0.268
控制变量	Yes	Yes	-	Yes	Yes	-
常数项	-2.057 (4.383)	-2.905* (1.556)	-	-7.215*** (2.133)	3.210 (2.491)	-
样本量	142	569	-	471	240	-
Log likelihood	-27.760	-115.531	-	-73.287	-63.486	-
Prob. > chi^2	0.000	0.000	-	0.000	0.000	-
Pseudo R^2	0.503	0.376	-	0.491	0.339	-
LR chi^2	56.250	139.320	-	141.230	65.220	-

注：*、**、*** 分别表示 10%、5%、1% 的显著水平。括号内为稳健标准误。“p 值”为运用似无相关模型 SUR 检验环境规制、社会规范二级指标在不同组间系数差异显著性而得。

5.5　本章小结

本章利用湖北省规模养殖户调查数据，以粪污制沼气技术、制有机肥技术、制饲料技术、种养结合技术为例，运用二元 Logistic 模型，实证探讨环境规制、社会规范二级指标对规模养殖户四类清洁生产技术行为意愿的影响，并检验结果的稳健性；进一步考察了环境规制、社会规范的二级指标对不同特征规模养殖户四类清洁生产技术行为意愿的影响差异。主要结论如下：

（1）激励型环境规制、社会责任规范均显著正向影响规模养殖户对四类清洁生产技术的采用意愿，监督型环境规制仅显著正向影响规模养殖户粪污制饲料技术的采用意愿，个人道德规范显著正向影响规模养殖户对粪污制沼气技术、制有机肥技术、种养结合技术的采用意愿，公众认可规范显著正向影响规模养殖户对粪污制有机肥技术、制饲料技术、种养结合技术的采用意愿，群体行为规范仅显著正向影响规模养殖户对粪污制有机肥技术、制饲料技术的采用意愿。此外，性别、受教育水平、家庭年收入、健康状况、养殖年限、是否有村干部、了解程度、风险感知等也是影响规模养殖户清洁生产技术采用意愿的重要因素。

（2）分组估计结果发现，激励型环境规制显著正向影响技术培训参加组对四类清洁生产技术的采用意愿，还正向影响高收入组有机肥技术的采用意愿以及低风险组种养结合技术的采用意愿。监督型环境规制可提高技术培训参加组粪污制沼气技术、制有机肥技术、制饲料技术的采用意愿。社会责任规范可提高低收入组粪污制有机肥技术的采用意愿。无论养殖户参加技术培训与否，其粪污制沼气技术的采用意愿均受个人道德规范的正向影响；个人道德规范还正向影响未参加组和养殖经验欠缺组粪污制饲料技术的采用意愿、影响低收入组粪污制有机肥技术的采用意愿；与低风险组相比，个人道德规范对高风险组种养结合技术采用意愿的影响更大。公众认可规范不仅显著正向影响养殖经验欠缺组、技术培训未参加组粪污制沼气技术的采用意愿，还显著正向影响未参加组种养结合技术的采用意愿。群体行为规范显著正向影响养殖经验丰富组粪污制饲料技术的采用意愿。

第 6 章

环境规制、社会规范对规模养殖户清洁生产行为水平的影响

第5章主要探讨了环境规制、社会规范的二级指标对规模养殖户四类清洁生产技术行为意愿的影响，比较了不同特征规模养殖户的组间影响差异。本章将进一步分析环境规制、社会规范对规模养殖户清洁生产实际行为和行为强度的影响。在剖析环境规制、社会规范的二级指标对规模养殖户畜禽养殖清洁生产行为和行为强度影响机理的基础上，利用湖北省微观调研数据，实证探究各二级指标对规模养殖户相关清洁生产实际行为和行为强度的影响，并比较对不同特征规模养殖户清洁生产行为强度的组间影响差异。

我国畜禽养殖正朝集约化、规模化方向发展，伴随而来的是养殖粪污产量的不断增加。据不完全估计，2017年我国畜禽废弃物产量高达38.18亿吨，与2010年32.52亿吨相比，增长了1.17倍（中华人民共和国农业农村部，2017）。畜禽养殖废弃物目前是造成农业面源污染的重要组成部分，对我国生态环境和畜牧业协调发展造成了重大威胁（Chaswick et al.，2015；金书秦等，2018；李冉等，2015）。加快推广畜禽粪污再利用等清

洁生产方式是缓解规模养殖污染问题的主要举措（宣梦等，2018）。为此，国家与地方政府就推广和落实畜禽粪污资源化利用等清洁生产技术，先后颁布了一些政策文件。比如，2016 年颁布的《关于推进农业废弃物资源化利用试点的方案》明确指出，要构建农业废弃物资源化利用的有效治理模式；2017 年颁发的《关于加快推进畜禽养殖废弃物资源化利用的意见》提出，应该在畜禽养殖清洁生产方面“加强科技支撑，强化装备保障”；同年颁发的《畜禽粪污资源化利用行动方案（2017—2020 年）》也强调，要将粪污再利用的制度建设作为重点工作。另外，以畜禽粪污资源化利用为代表的清洁生产技术的一些补贴政策，如粪污制沼气的补贴、相关配套设施购买和建设的补贴等，也得到不断完善。但是，与国家扶持以畜禽粪污资源化利用技术为代表的清洁生产技术在农村实践相悖的是，养殖户对相关清洁生产技术的采用率仍有待提高。例如，潘丹和孔凡斌（2015）的研究发现，仅有 28.96% 的受访户采用粪污制沼气技术，且采用卖钱、粪污制有机肥技术的受访户也很少，仅各占有效样本的 13.85%、10.56%。因此，研究以粪污资源利用为代表的清洁生产技术的规模养殖户实际行为和行为强度及其影响因素情况，能够为国家相关政策的进一步落实提供参考。

截至目前，学者们研究影响养殖户畜禽粪污资源化利用的因素已形成较为丰富的研究成果。虞祎等（2012）、潘丹和孔凡斌（2015）、赵俊伟等（2019）以及王建华等（2019）研究表明，养殖户特征、家庭特征、技术培训情况、风险偏好、社会因素均是影响养殖户相关行为的重要因素；李乾和王玉斌（2018）的研究发现，政府补贴、监管政策是左右养殖户粪污再利用的关键因素。这些研究成果尽管为本书的研究奠定了坚实的基础，但仍有拓展的空间。首先，在研究方法上，现有学者通常采用二元 Logistic 模型分析养殖户某类粪污处理方式的影响因素，少有学者探讨不同类型粪污处理方式之间的关系。冯淑怡等（2013）、潘丹和孔凡斌（2015）的研究指出，某些不可观测因素有可能会同时影响不同类型粪污处理方式的养殖户行为，忽视这种情况很可能会导致估计结果有偏。鉴于此，本书借鉴瑟里奥特等（Theriault et al.，2017）的研究，拟用多变量 Probit 模型，解决不可观测因素可能对规模养殖户多个行为选择的共同影响。另外，鲜有学者研究养殖户畜禽养殖清洁生产行为强度。目前，仅潘丹和孔凡斌（2015）的研究从微观视角出发，采用多变量 Probit 模型对养殖户不同畜禽粪污处理方式进行了研究，但他们没有将粪污制饲料技术、制培养基技术纳入考察范围，并且他们未深入考察养殖户畜禽养殖清洁生产强度的影响因素。本书拟对这一空白进行补充。其次，在研究内容上，既有研究多探讨政府政策，个人与家庭特点、心理因素等在养殖户粪污处理中的作用，少有学者将环境规制、社会规范放入同一分析框架，分析这两个因素对规模养殖户粪污处理行为水平的影响。实际上，制度经济学理论明确将环境规制视为政府对相关主体环保行为的约束和规范的法律法规安排（Innes，2000；孙晓伟，2011）。随着国家政策不断加大对畜禽养殖清洁生产的支持力度和监督力度，规模养殖户相关清洁生产行为势必会受环境规制的影响。另外，社会学理论认为，社会规范作为一种行为的软约束力，在经济行为中的作用有时甚至超过了利润动机（Lindbeck et al.，1999；Hong and Kacperczyk，2009）。舒尔茨等（2007）和查克拉瓦茨和米什拉（Chakravarty and Mishra，2019）的研究也指出，社会规范是农户生活生产行为的决定因素之一。

基于以上分析，本章基于第 4 章的研究内容，将环境规制、社会规范纳入规模养殖户粪污清洁处理行为和行为强度影响因素中，利用湖北省生猪规模养殖户的微观调查数据，首先，运用多变量 Probit 模型实证分析环境规制、社会规范的二级指标对规模养殖户粪污丢弃、直接还田、制有机肥、制沼气、制饲料、制培养基、卖钱处理七类主要粪污处理行为的影响；其次，运用有序 Probit 模型，考察环境规制、社会规范对规模养殖户粪污清洁处理行为强度的影响。

6.1　研究假设的提出

环境规制、社会规范分别作为个体行为的政策法规的硬约束、社会他人以及自身价值观的软约束，难免会影响规模养殖户相关清洁生产行为和行为强度。

从环境规制的影响来看，激励型环境规制作为政府制定和实施以鼓励个体参与清洁生产为初衷的政策法规，以实现畜禽养殖业的环境和经济效应相协调的目标（石华平和易敏利，2020）。一方面，激励型环境规制通过给予规模养殖户清洁生产的认可和荣誉等精神型激励，提高其参与相关清洁生产的总效用，从而提高其清洁生产行为的可能性；另一方面，通过经济和职位等物质型激励，降低规模养殖户相关行为的成本等经济压力，提高其总效用，进而激发其对清洁生产的行为选择。通常，追求效用最大化是规模养殖户的行为目标，所获得的精神、经济激励越多，其相关清洁生产的行为强度一般也越大。因此，提出如下假设：

H6－1a：激励型环境规制正向影响规模户畜禽养殖清洁生产行为选择。

H6－1b：激励型环境规制正向影响规模户畜禽养殖清洁生产行为强度。

监督型环境规制是政府制定并实施的一些以监督、约束个体参与环保工作的政策法规和标准，是一种以控制环境污染为导向的环境规制（郭庆，2012）。这种环境规制强调通过一定的处罚举措抑制个体环境污染行为，从而达到保护环境的目标（梁睿等，2020）。通常，监督型环境规制，一方面，通过对环境污染行为的经济惩罚，增加个体非清洁生产行为的成本，从而推动其行为向清洁生产行为方向转变；另一方面，通过对环境污染行为的批评教育，增加个体非清洁生产行为的心理损失，进而增强其清洁生产行为发生的概率。另外，一般而言，监督型环境规制强度越大，规模养殖户清洁生产行为的机会成本和心理效应损失均越小，其相关清洁生产行为强度可能越大。因此，提出的假设如下：

H6－2a：监督型环境规制正向影响规模户畜禽养殖清洁生产行为选择。

H6－2b：监督型环境规制正向影响规模户畜禽养殖清洁生产行为强度。

从社会规范的影响来看，目前，我国环保信息流不断增大，公众的环保意识不断提高（黄永源和朱晟君，2020）。社会责任规范和个人道德规范一定程度上反映了个体意识内化为内在价值，进而对个人经济行为具有约束作用（乔娟和张诩，2019）。对于规模养殖户来说，社会责任规范越强，其对养殖生产行为选择越有可能考虑自我行为对社会的影响，从而做出惠于社会的行为。畜禽养殖清洁生产可以缓解粪污的环境负外部性问题，鉴于此，社会责任感越强的规模养殖户，其对畜禽养殖清洁生产技术的采用概率可能越大，相似地，其增强清洁生产技术的采用强度可能越大。个人道德规范是个体对自我行为的反应（周敏和杨玉亭，2020）。由于生猪养殖非清洁生产具有严重的负外部性，因此个人道德规范越强，其非清洁生产行为选择越有可能受自我道德的批判，从而越有可能转向清洁生产行为。概括之，规模养殖户的个人道德规范越强，其非环保行为受自我道德的约束越大，因此越有可能选择清洁生产技术，其清洁生产行为强度可能也越大。基于此，提出如下假设：

H6 -3a：社会责任规范正向影响规模户畜禽养殖清洁生产行为选择。

H6 -3b：社会责任规范正向影响规模户畜禽养殖清洁生产行为强度。

H6 -4a：个人道德规范正向影响规模户畜禽养殖清洁生产行为选择。

H6 -4b：个人道德规范正向影响规模户畜禽养殖清洁生产行为强度。

公众认可规范和群体行为规范是特定社会群体中，人们共有的行为规则和社会偏好。具体而言，公众认可规范是公众通过言语的力量对个体行为进行认可评价（葛菁和阎伍玖，2006）。畜禽养殖清洁生产可有效解决畜禽养殖环境污染问题，可以减少由此引致的公众损失，与公众预期和利益一致（曹晓等，2020）。因此，公众认可规范越强，规模养殖户相关清洁生产行为可能受社会支持的力度越大，其畜禽养殖工作可能越顺利，进而其选择清洁生产技术的可能性以及清洁生产行为强度可能越大。群体行为规范是个体行为与公众行为保持一致（宋妍和张明，2018）。群体行为规范越强，面对畜禽养殖相关技术时，规模养殖户越趋于与公众行为保持一致，以符合当下群体行为偏好。而清洁生产技术可缓解环境污染问题，进而有利于改善居住环境，符合公众的社会期望。所以，群体行为规范越强，规模养殖户选择相关清洁生产技术的可能性及其相关行为强度可能越大。因此，提出如下假设：

H6 -5a：公众认可规范正向影响规模户畜禽养殖清洁生产行为选择。

H6 -5b：公众认可规范正向影响规模户畜禽养殖清洁生产行为强度。

H6－6a：群体行为规范正向影响规模户畜禽养殖清洁生产行为选择。

H6－6b：群体行为规范正向影响规模户畜禽养殖清洁生产行为强度。

6.2 环境规制、社会规范对规模养殖户清洁生产行为的影响

6.2.1 模型设定

本章节主要分析环境规制、社会规范对规模养殖户七类粪污处理方式行为选择的影响。由于对每类技术的行为选择是二分离散变量，一般而言，可以用七个二元 Logistic 模型进行估计。事实上，通过对成本、收益、简易程度、可操作性等因素的考虑，规模养殖户很有可能会同时选择多种处理方式，且这些处理方式之间可能具有相关关系。换言之，某个或某些不可观测因素很可能会同时影响规模养殖户不同粪污处理方式的行为选择，这表明，七个二元 Logistic 模型中的多个模型的误差项可能有相关关系。正如多尔曼（Dorfman，1996）和格林（Greene，2008）所言，忽略这些不可观测因素的影响和不同行为选择之间具有相关性会造成估计有偏。基于以上分析，借鉴泰克沃德等（Teklewold et al.，2013）、刘同山（2016）的方法，本章节采用多变量 Probit 模型估计环境规制、社会规范的二级指标对规模养殖户不同粪污处理方式行为选择的影响，该模型既允许不可观测干扰项之间存在相关关系，又允许不同类型粪污处理方式行为选择之间相关。该模型的一般形式如下所示：

$$y_{ij}^* = \beta_i X_j' + \varepsilon_i \quad (i=1,2,\cdots,7; j=1,2,\cdots,n)$$

$$y_{ij} = \begin{cases} 1，若\ y_{ij}^* > 0 \\ 2，其他 \end{cases} \tag{6-1}$$

式（6－1）中，j：第 j 个规模养殖户；i＝1，2，3，4，5，6，7，各表示粪污丢弃、直接还田、制有机肥、制沼气、制饲料、制培养基、卖钱处理方式。y_{ij}^*：潜变量；y_{ij}：可观测的规模养殖户对处理方式的行为选

择。当 $y_{ij}^* > 0$，则 $y_{ij} = 1$，体现了第 j 个规模养殖户选择第 i 类粪污处理方式，反之，则反。X：解释变量；β_i：相应的系数；ε_i：干扰项，其遵循零均值、协方差为 Ω 的多元正态分布（MVN），即$(\varepsilon_1, \varepsilon_2, \varepsilon_3, \varepsilon_4, \varepsilon_5, \varepsilon_6, \varepsilon_7) \sim MVN(0, \Omega)$。Ω 可表达为：

$$\Omega = \begin{bmatrix} 1 & \rho_{12} & \rho_{13} & \rho_{14} & \rho_{15} & \rho_{16} & \rho_{17} \\ \rho_{21} & 1 & \rho_{23} & \rho_{24} & \rho_{25} & \rho_{26} & \rho_{27} \\ \rho_{31} & \rho_{32} & 1 & \rho_{34} & \rho_{35} & \rho_{36} & \rho_{37} \\ \rho_{41} & \rho_{42} & \rho_{43} & 1 & \rho_{45} & \rho_{46} & \rho_{47} \\ \rho_{51} & \rho_{52} & \rho_{53} & \rho_{54} & 1 & \rho_{56} & \rho_{57} \\ \rho_{61} & \rho_{62} & \rho_{63} & \rho_{64} & \rho_{65} & 1 & \rho_{67} \\ \rho_{71} & \rho_{72} & \rho_{73} & \rho_{74} & \rho_{75} & \rho_{76} & 1 \end{bmatrix} \tag{6-2}$$

式（6－2）中，若非对角线上的元素值在统计上显著大于零，则规模养殖户不同类型粪污处理方式的行为选择之间具有互补关系，相反，若元素值在统计上显著小于零，则具有替代关系。

6.2.2　数据及样本特征

本章节利用 2018 年 7～8 月对湖北省九市农村地区生猪规模养殖户进行的实地调研所获得的微观调研数据，样本区域选择、实地调研过程、有效样本的描述性统计分析等详见第 2 章内容。第 2 章中，样本的描述性统计分析显示，有效样本中，丢弃、直接还田、制有机肥、制沼气、制饲料、制培养基、卖钱处理的规模养殖户各有 14 户、358 户、118 户、360 户、28 户、17 户、81 户，分别占有效样本的 1.97%、50.35%、16.60%、50.63%、3.94%、2.39%、11.39%。

6.2.3　变量选择与说明

1. 因变量

依据本节的研究目的，本章节的因变量为规模养殖户对粪污丢弃、直接还田、制有机肥、制沼气、制饲料、制培养基、卖钱处理七类方式的行为选择，是七类处理方式的（0,1）变量。

2. 关键自变量

基于研究目的和前文研究内容，本章节的关键自变量是通过PCA方法获得的激励型环境规制、监督型环境规制、社会责任规范、个人道德规范、公众认可规范、群体行为规范。

3. 控制变量

闵继胜和周力（2014）、王建华等（2019）的研究表明，个人特征、家庭特征、养殖特征、其他特征等因素是左右养殖户粪污处理方式的关键因素。所以，为了尽力避免遗漏变量可能导致估计有偏，本章节借鉴既有研究，将年龄、受教育水平、健康状况、家庭年收入、劳动力数量、家中村干部、土地经营规模、养殖年限、养殖规模、风险感知、技术培训等因素作为控制变量，并控制了地区效应。表6－1汇报了变量选择及其定义。

表6－1 变量选择及其定义

变量	变量定义与说明	最小值	最大值	均值	标准差
因变量					
丢弃	畜禽粪污丢弃处理，是＝1；其他＝0	0	1	0.020	0.139
直接还田	畜禽粪污直接还田处理，是＝1；其他＝0	0	1	0.504	0.500
制有机肥	畜禽粪污制有机肥处理，是＝1；其他＝0	0	1	0.166	0.372
制沼气	畜禽粪污制沼气处理，是＝1；其他＝0	0	1	0.506	0.500
制饲料	畜禽粪污制饲料处理，是＝1；其他＝0	0	1	0.039	0.195
制培养基	畜禽粪污制培养基处理，是＝1；其他＝0	0	1	0.024	0.153
出售卖钱	畜禽粪污出售卖钱处理，是＝1；其他＝0	0	1	0.114	0.318
关键自变量					
激励型环境规制	前文主成分分析得分	－3.099	1.742	0	1
监督型环境规制	前文主成分分析得分	－3.056	1.979	0	1
社会责任规范	前文主成分分析得分	－3.809	1.865	0	1
个人道德规范	前文主成分分析得分	－3.637	1.918	0	1
公众认可规范	前文主成分分析得分	－3.604	2.132	0	1
群体行为规范	前文主成分分析得分	－3.080	2.023	0	1

续表

变量	变量定义与说明	最小值	最大值	均值	标准差
控制变量					
年龄	受访养殖户周岁（年）	19	70	47.333	8.361
受教育水平	受访规模户的受教育程度（年）	0	20	8.791	3.058
健康状况	自身健康状况感知，1～5，很差～很好	1	5	3.467	0.890
劳动力数量	家庭劳动力数量（人）	1	10	3.068	1.135
家庭年收入	家庭年总收入（万元）	2	400	26.553	38.798
是否有村干部	家中是否有村干部，是＝1；否＝0	0	1	0.269	0.444
土地经营规模	小规模（土地≤0.27公顷）＝1； 中规模（土地＞0.27公顷且≤0.53公顷）＝2； 大规模（土地＞0.53公顷）＝3	1	3	2.089	0.830
养殖规模	小规模（出栏量≥30头且＜100头）＝1； 中规模（出栏量≥100头且＜500头）＝2； 大规模（≥500头）＝3	1	3	2.056	0.581
养殖年限	生猪养殖年数（年）	0.5	50	8.207	5.683
技术培训	是否参与相关技术培训，是＝1；否＝0	0	1	0.662	0.473
风险感知	新技术采用的风险程度，1～5，很小～很大	1	5	2.778	0.957
地区哑变量					
鄂东	鄂东地区，是＝1；否＝0	0	1	0.304	0.460
鄂中	鄂中地区，是＝1；否＝0	0	1	0.187	0.390
鄂西	鄂西地区，是＝1；否＝0	0	1	0.509	0.500

6.2.4 模型估计结果与分析

1. 规模养殖户七类粪污处理方式行为选择

本章节运用stata14软件进行多变量Probit模型估计。表6－2汇报了协方差矩阵估计结果。从表中可知，该模型在1%的水平上显著，表明各方程扰动项之间相关，即规模养殖户对七类粪污处理方式的行为选择之间具有相关关系。这进一步说明，运用多变量Probit模型对规模养殖户粪污处理行为进行估计具有合理性。表6－2中的结果表明，共有13个协方差具有统计显著性，表明规模养殖户对某类粪污处理方式的行为选择受另一种方式行为选择的影响。

表 6－2　　　　多变量 Probit 模型协方差矩阵估计结果

变量	丢弃	直接还田	制有机肥	制沼气	制饲料	制培养基	卖钱
丢弃	1	—	—	—	—	—	—
直接还田	0.194* (0.108)	1	—	—		—	—
制有机肥	−0.214* (0.119)	−0.240*** (0.073)	1	—	—	—	—
制沼气	−0.078 (0.110)	−0.627*** (0.044)	−0.276*** (0.069)	1	—	—	—
制饲料	0.273* (0.142)	−0.280*** (0.102)	0.030 (0.122)	0.047 (0.107)	1	—	—
制培养基	0.282 (0.193)	−0.448*** (0.121)	0.141 (0.159)	0.283** (0.129)	0.645*** (0.138)	1	—
卖钱	0.219* (0.118)	−0.173** (0.086)	0.034 (0.091)	−0.086 (0.086)	0.224** (0.107)	0.128 (0.123)	1
chi^2 (21)	246.676						
显著性水平	0.000						
似然比检验	$\rho_{21}=\rho_{31}=\rho_{41}=\rho_{51}=\rho_{61}=\rho_{71}=\rho_{32}=\rho_{42}=\rho_{52}=\rho_{62}=\rho_{72}=\rho_{43}=\rho_{53}=\rho_{63}=\rho_{73}=\rho_{54}=\rho_{64}=\rho_{74}=\rho_{65}=\rho_{75}=\rho_{76}=0$						

注：*、**、*** 分别表示 10%、5%、1% 的显著水平。括号内为稳健标准误。

具体而言，规模养殖户丢弃处理、制有机肥处理的行为选择之间有替代关系，即其对粪污丢弃处理时，其制有机肥处理的可能性会降低；规模养殖户丢弃处理与直接还田、制饲料、卖钱处理之间均有互补关系，即规模养殖户对粪污丢弃处理时，其直接还田、制饲料、卖钱处理的概率更大；规模养殖户直接还田处理与制有机肥、制沼气、制饲料、制培养基、卖钱处理之间均有替代关系，其制有机肥处理与制沼气处理之间也具有替代关系；规模养殖户制沼气处理与制培养基处理之间有互补关系，且其制饲料处理与制培养基处理、卖钱之间均有互补关系。

2. 影响因素分析

表 6－3 汇报了多变量 Probit 模型的估计结果。由表 6－3 可知，Wald

$chi^2(133) = 514.130$，且 $Prob > chi^2 = 0.000$，这进一步说明本书采用的多变量 Probit 模型与本书的数据整体拟合较好。

表 6-3　多变量 Probit 模型估计结果

变量	丢弃	直接还田	制有机肥	制沼气	制饲料	制培养基	卖钱
关键自变量							
激励型环境规制	-1.043*** (0.385)	-0.081 (0.060)	0.197*** (0.075)	0.335*** (0.060)	-0.019 (0.114)	-0.161 (0.163)	0.078 (0.085)
监督型环境规制	-0.717* (0.372)	-0.042 (0.059)	0.197*** (0.072)	0.084 (0.058)	0.085 (0.102)	-0.080 (0.150)	0.190** (0.087)
社会责任规范	-1.156*** (0.421)	0.176*** (0.058)	-0.100 (0.070)	-0.061 (0.055)	0.073 (0.102)	0.346** (0.162)	0.230*** (0.088)
个人道德规范	-0.599* (0.332)	-0.046 (0.060)	-0.061 (0.069)	-0.014 (0.057)	-0.023 (0.105)	0.065 (0.164)	0.299*** (0.089)
公众认可规范	0.041 (0.233)	0.168*** (0.056)	-0.016 (0.064)	0.012 (0.054)	0.179* (0.100)	0.085 (0.144)	0.172** (0.082)
群体行为规范	-0.081 (0.246)	0.088 (0.057)	-0.027 (0.070)	0.231*** (0.057)	-0.134 (0.102)	0.221 (0.145)	0.367*** (0.088)
控制变量							
年龄	-0.013 (0.034)	-0.005 (0.007)	-0.020** (0.008)	0.013** (0.006)	-0.018 (0.012)	-0.034** (0.016)	-0.014 (0.009)
受教育水平	-0.043 (0.070)	-0.019 (0.018)	0.008 (0.021)	0.045*** (0.017)	-0.029 (0.031)	0.036 (0.050)	0.045* (0.026)
健康状况	-0.158 (0.362)	0.176*** (0.066)	0.031 (0.073)	-0.007 (0.061)	-0.149 (0.115)	-0.260 (0.161)	-0.057 (0.092)
劳动力数量	-0.248 (0.309)	-0.066 (0.047)	0.070 (0.058)	0.086* (0.045)	0.003 (0.079)	-0.169 (0.113)	0.083 (0.066)
家庭年收入	0.005 (0.020)	0.000 (0.001)	0.001 (0.002)	-0.006*** (0.002)	0.002 (0.002)	0.010*** (0.003)	0.001 (0.002)
是否有村干部	0.502 (0.609)	0.097 (0.118)	0.048 (0.136)	-0.057 (0.116)	0.357* (0.202)	-0.479 (0.382)	0.088 (0.157)
土地经营规模	0.222 (0.346)	0.194*** (0.065)	0.008 (0.076)	0.064 (0.063)	0.245** (0.121)	0.559*** (0.189)	-0.022 (0.088)

续表

变量	丢弃	直接还田	制有机肥	制沼气	制饲料	制培养基	卖钱
养殖规模	-0.725 (0.544)	-0.225** (0.104)	0.135 (0.122)	0.411*** (0.101)	0.152 (0.198)	-0.179 (0.302)	-0.015 (0.140)
养殖年限	-0.116 (0.080)	0.052*** (0.011)	-0.026* (0.015)	-0.028*** (0.010)	-0.002 (0.019)	-0.107** (0.045)	-0.000 (0.014)
技术培训	0.167 (0.652)	-0.395*** (0.114)	-0.038 (0.139)	0.279** (0.110)	0.117 (0.222)	-0.225 (0.287)	0.294* (0.170)
风险感知	-0.541 (0.371)	0.045 (0.056)	-0.293*** (0.067)	0.083 (0.054)	0.005 (0.098)	-0.167 (0.139)	0.093 (0.074)
地区哑变量 (以鄂东为参照组)	已控制	已控制	已控制	已控制	已控制	已控制	已控制
常数项	-2.220 (2.821)	-0.700 (0.529)	0.520 (0.644)	-2.245*** (0.514)	-1.087 (0.941)	-0.041 (1.388)	-1.313* (0.752)
Log Likelihood	-1349.932						
Wald chi^2 (133)	514.130						
Prob > chi^2	0.000						

注：*、**、*** 分别表示10%、5%、1%的显著水平。括号内为稳健标准误。

（1）关键自变量的影响分析。

结果表明，激励型环境规制对规模养殖户粪污丢弃处理行为有显著的负向影响，但显著正向影响规模养殖户制有机肥、制沼气处理行为，说明激励型环境规制强度越大，规模养殖户丢弃处理的可能性越小，但制有机肥处理、制沼气处理的可能性越大。可能的原因是，激励型环境规制越强，规模养殖户从环保行为中得到声誉的可能性越大，并且由于政府的经济激励，其制有机肥、制沼气处理的成本降低的可能性越大，因此，规模养殖户选择粪污制有机肥、制沼气处理这两类清洁生产处理方式的概率越大，而选择丢弃这一非清洁处理方式的概率越小。

监督型环境规制对规模养殖户粪污丢弃处理行为有显著的负向影响，但显著正向影响规模养殖户制有机肥、卖钱处理的行为选择。这可能是因为，监督型环境规制以对环境污染行为进行经济惩罚和批评教育为主要内容，所以，监督型环境规制强度越大时，为了避免不当行为的经济惩罚或批评教育造成的经济或声誉损失，规模养殖户选择粪污制有机肥、卖钱处理这两类清洁生产处理方式的概率会增大，而选择丢弃这一非清洁处理方式的概率会降低。

社会责任规范对规模养殖户粪污丢弃处理行为有显著的负向影响，但显著正向影响规模养殖户直接还田、制培养基、卖钱处理的行为选择。这可能是因为，规模养殖户的社会责任规范越强时，其对直接还田、制培养基、卖钱这几类环保处理方式的积极环境效应的认识也越高，且越能感受到丢弃处理带来的环境危害。从这个层面来看，社会责任规范能够显著促进规模养殖户选择粪污直接还田、制培养基、卖钱处理方式，还能够显著降低规模养殖户对粪污丢弃处理的行为选择概率。

个人道德规范对规模养殖户粪污丢弃处理行为有显著的负向影响，但显著正向影响规模养殖户粪污卖钱处理的行为选择。这可能是因为，规模养殖户的个人道德规范越强时，其越能认识到非环保行为引致的环境污染危害，由此引发的罪恶感造成的心理损失可能越大，并且其从环保行为中获得满足感也越大。从这个层面来看，个人道德规范能显著促进规模养殖户选择粪污卖钱处理方式，还能够显著降低规模养殖户对粪污丢弃处理的行为选择概率。

公众认可规范显著正向影响规模养殖户粪污直接还田、制饲料、卖钱处理的行为选择。这可能是因为，在具有人情社会特点的农村地区，公众对环保行为的认可不仅有助于维护规模养殖户的面子（赵祥云，2019），还可以为规模养殖户的畜禽养殖带来价值性资源（如社会支持等），有利于规模养殖户畜禽养殖等工作的顺利开展。所以，公众认可规范越强，规模养殖户选择粪污直接还田、制饲料、卖钱环保处理的可能性越大。

群体行为规范显著正向影响规模养殖户粪污制沼气、卖钱处理的行为选择。可能的解释是，在信息不对称的农村地区，以规模养殖户为代表的农户一般会通过他人的行为获取相关信息，并做出合理的行为选择（杨卫忠，2015）。这也说明，他人的环保行为对规模养殖户粪污处理行为具有明显的“示范效应”（蔡启华，2017）。所以，群体行为规范越强，规模养殖户越倾向于选择比较熟悉的制沼气技术以及易操作的卖钱处理技术。

（2）控制变量的影响分析。

从个人特征的影响来看，年龄越大，规模养殖户粪污制沼气处理的概率越大，但其制有机肥、制培养基处理的概率均越小。这可能是因为，年轻的规模养猪户对新型畜禽粪污再利用技术（如制有机肥技术、制培养基技术）的接受能力较强；与其他技术相比，对粪污制沼气技术的推广相对较早，与年龄较小的规模养殖户相比，年龄较大的规模养殖户对该技术可能更了解。受教育水平越高，规模养殖户粪污制沼气、卖钱处理的概率越大。可能的解释是，规模养殖户的受教育水平越高，其获得的知识越丰富，更加了解制沼气技术、卖钱处理的经济、社会和生态效益，因此，其选择粪污制沼气、卖钱处理的可能性越大。健康状况越好，规模养殖户粪污直接还田处理的概率越大，可能是因为规模养殖户的健康状况越好，其体力越好，越有精力将粪污直接还田处理。

从家庭特征的影响来看，劳动力数量对规模养殖户粪污制沼气处理的行为选择有积极的正向影响，这是因为，粪污制沼气处理需投入较多的劳动力开展入料、出料、池体维护等工作（刘子飞等，2014），而在农村劳动力日益缺乏的背景下，家庭劳动力越多的规模养殖户选择粪污制沼气处理的可能性越大。家庭年收入对规模养殖户粪污制沼气处理的行为选择有显著的负向影响，但显著正向影响制培养基处理的行为选择。这是因为，随着政府对粪污制沼气技术补贴力度的加大，家庭年收入越低的规模养殖户越有可能选择因政府补贴而具有较低成本的粪污制沼气技术，且该技术还可以替代电、煤等，可有效减少家庭能源的开支；相对而言，作为一种较为新型的清洁生产技术，粪污制培养基处理需要投入较多的成本，所以，家庭年收入越高，规模养殖户具有此行为选择的可能性越大。家中是否有村干部对规模养殖户对粪污制饲料处理行为有显著的正向影响，这是因为，家中有村干部的规模养殖户更容易获取制饲料技术的最新信息和政府扶持政策信息，所以更有可能选择此类清洁生产技术。土地经营规模越大，规模养殖户粪污直接还田、制饲料、制培养基处理的概率均越大，这可能与越大的土地经营规模，对粪污的消纳能力越强有关（潘丹，2015）。

从养殖特征的影响来看，养殖规模对规模养殖户直接还田处理的行为有显著的负向影响，但显著促进规模养殖户的制沼气处理，这一结果与虞祎等（2012）、潘丹（2015）的结论不谋而合。可能的原因是，养殖规模越小，粪污产量越少，直接还田处理越能够解决少量的粪污；但养殖规模越大，规模养殖户粪污沼气处理的规模经济效益越大，因此选择此类粪污处理方式的概率越大。养殖年限对规模养殖户直接还田处理行为有显著的促进作用，但显著负向影响规模养殖户制有机肥、制沼气、制培养基处理的行为选择，这可能是由于，规模养殖户的养殖年限越短，受传统经验的影响越小，越能接受制有机肥、制沼气、制培养基等新型粪污处理方式，对传统的直接还田处理的可能性越小。

从其他变量的影响来看，技术培训对规模养殖户粪污直接还田处理的行为选择有显著的负向影响，但显著正向影响规模养殖户制沼气、卖钱处理的行为选择，这可能是因为，技术培训显著提高了规模养殖户对制沼气、卖钱处理的了解程度。风险感知负向影响规模养殖户制有机肥处理行为，可能是因为，制有机肥处理对成本要求较多，且此类处理方式的回报具有极大的不确定性，所以风险感知较大的规模养殖户对制有机肥处理方式的行为选择概率越低。

6.3　环境规制、社会规范对规模养殖户清洁生产行为强度的影响

6.3.1　实证分析

1. 模型设定

目前，七类粪污处理方式特点各异。其中，粪污制有机肥、制沼气、制饲料、制培养基、卖钱处理的清洁程度较高，但直接还田、丢弃处理均会对环境和人类健康造成不同程度的危害。所以，为了量化规模养殖户对粪污处理的清洁行为强度，本书定义规模养殖户选择粪污丢弃、直接还田或二者兼有处理方式时，清洁行为强度最低；规模养殖户选择粪污丢弃、

直接还田或二者兼有处理方式的同时，还选择了另外一类或几类处理方式，则其粪污处理的清洁行为强度有所提升；规模养殖户既不选择丢弃处理，也不选择直接还田的方式，而是选择另外一类或几类处理方式时，其粪污处理的清洁行为强度最大。

陈强（2010）的研究表明，有序 Probit 模型被广泛应用于分析个体行为强度，能够估计个体行为强度的影响因素（Teklewold et al.，2013）。所以，本章节借鉴已有研究成果（朱玉春等，2011），采用有序 Probit 模型，估计环境规制、社会规范对规模养殖户粪污清洁处理行为强度的影响。

本章节因变量是规模养殖户粪污清洁处理的行为强度。依据前文对规模养殖户粪污清洁处理行为强度的定义和划分标准，本章节将规模养殖户“粪污丢弃处理、直接还田或二者兼有处理”时的清洁处理行为强度赋值为1；将规模养殖户“粪污丢弃、直接还田或二者兼有处理的同时，还选择另外一类或几类处理方式”时的清洁处理行为强度赋值为2；将规模养殖户“既不丢弃也不直接还田，而是选择另外一类或几类处理方式”时的清洁处理行为强度赋值为3，即数字越大，则其粪污清洁处理行为强度越大。因此，因变量为具有三个层次的离散型变量，对此估计需引入不可观测潜变量 y_i^*，$y_i(i=1,2,\cdots,n)$ 是实际观测的规模养殖户对粪污清洁处理行为强度的选择，因此：

$$\begin{aligned} &P(y=y_i|X,\beta)=P(y=y_i|x_0,x_1,x_2,\cdots,x_n) \\ &y_i^*=X\beta+\varepsilon_i(i=1,2,\cdots,m) \end{aligned} \tag{6-3}$$

式（6-3）中，β：待估参数向量，ε_i：相互独立且服从正态分布的随机变量。假设 γ 是规模养殖户对粪污清洁处理行为强度不同层次选择的临界值分界点，依据清洁生产行为强度具有三个层次，则共有 γ_1、γ_2 两个分界点，满足 $\gamma_1<\gamma_2$。那么，实际观测值 y_i 与潜变量 y_i^* 之间的关系如下所示：

$$y_i=\begin{cases}1, 若\ y_i^*\leqslant\gamma_1 \\ 2, 若\ \gamma_1<y_i^*\leqslant\gamma_2 \\ 3, 若\ \gamma_2<y_i^*\leqslant\gamma_3\end{cases} \tag{6-4}$$

设 ε_i 服从正态分布，其累积概率函数为 F（x），则选择值 $y_i=1,2,3$ 的概率各为：

$$
\begin{aligned}
P(y_i=1|X) &= F(\gamma_1 - X\beta) \\
P(y_i=2|X) &= F(\gamma_2 - X\beta) - F(\gamma_1 - X\beta) \\
P(y_i=3|X) &= F(\gamma_3 - X\beta) - F(\gamma_2 - X\beta)
\end{aligned}
\tag{6-5}
$$

2. 数据来源

本章节所用数据来自课题组 2018 年 7 ~8 月在湖北省九市农村地区对规模养殖户实地调查所获得的数据，样本区域选择、有效样本的特征描述详见第 3 章的内容。根据第 3 章样本特征分析可知，生猪规模养殖户粪污清洁处理行为强度为 1、2、3 的户数分别为 228 户、138 户、345 户，各占有效样本的 32.07%、19.41%、48.52%。

3. 变量选择与说明

因变量。基于本章节的研究目的和前文的分析，本章节的因变量是规模养殖户粪污清洁处理行为强度，具有 1、2、3 三个层次，数字越大，规模养殖户的粪污清洁处理行为强度也越大，具体的划分标准详见“（1）模型设定”的内容。

关键自变量。根据本章节的研究目的和主要的研究内容，基于第 4 章对环境规制、社会规范指标体系的构建，本章节的关键自变量是通过 PCA 方法获得的激励型环境规制、监督型环境规制、社会责任规范、个人道德规范、公众认可规范、群体行为规范。

控制变量。为缓解遗漏变量可能造成估计结果有偏，本章节在闵继胜和周力（2014）、潘丹和孔凡斌（2015）以及王建华等（2019）研究的基础上，控制了可能对规模养殖户粪污清洁处理行为强度造成影响的因素，包括年龄、受教育水平、健康状况等个体特征因素；家庭年收入、劳动力数量、家中村干部、土地经营规模等家庭特征因素；养殖年限、养殖规模等养殖特征因素；风险感知、技术培训等其他特征因素以及地区哑变量。表 6-4 汇报了变量选择及其定义。

表 6-4　　变量选择及其定义

变量	变量定义与说明	最小值	最大值	均值	标准差
因变量					
行为强度	1 = 畜禽粪污丢弃、直接还田或同时丢弃和直接还田处理；2 = 粪污丢弃或直接还田处理的同时，还选择其他五类清洁程度较高的处理方式；3 = 既不丢弃也不直接还田，而选择另外一种或几种处理方式	1	3	2.165	0.883
关键自变量					
激励型环境规制	前文主成分分析得分	-3.099	1.742	0	1
监督型环境规制	前文主成分分析得分	-3.056	1.979	0	1
社会责任规范	前文主成分分析得分	-3.809	1.865	0	1
个人道德规范	前文主成分分析得分	-3.637	1.918	0	1
公众认可规范	前文主成分分析得分	-3.604	2.132	0	1
群体行为规范	前文主成分分析得分	-3.080	2.023	0	1
控制变量					
年龄	受访养殖户周岁（年）	19	70	47.333	8.361
受教育水平	受访规模户的受教育程度（年）	0	20	8.791	3.058
健康状况	自身健康状况感知，1~5，很差~很好	1	5	3.467	0.890
劳动力数量	家庭劳动力数量（人）	1	10	3.068	1.135
家庭年收入	家庭年总收入（万元）	2	400	26.553	38.798
是否有村干部	家中是否有村干部，是=1；否=0	0	1	0.269	0.444
土地经营规模	小规模(土地≤0.27 公顷)=1；中规模(土地>0.27 公顷且≤0.54 公顷)=2；大规模(土地>0.54 公顷)=3	1	3	2.089	0.830
养殖规模	小规模(出栏量≥30 头且<100 头)=1；中规模(出栏量≥100 头且<500 头)=2；大规模(≥500 头)=3	1	3	2.056	0.581
养殖年限	生猪养殖年数（年）	0.5	50	8.207	5.683
技术培训	是否参与相关技术培训，是=1；否=0	0	1	0.662	0.473
风险感知	新技术采用的风险程度，1~5，很小~很大	1	5	2.778	0.957
地区哑变量					
鄂东	鄂东地区，是=1；否=0	0	1	0.304	0.460
鄂中	鄂中地区，是=1；否=0	0	1	0.187	0.390
鄂西	鄂西地区，是=1；否=0	0	1	0.509	0.500

4. 模型估计结果与分析

模型估计之前，先检验了所选择的自变量是否存在严重的多重共线性，结果表明方差膨胀因子（VIF）的最大值为1.860，小于3，表明自变量之间的共线性程度不严重，符合回归要求。

本章节运用stata14软件对有序Probit模型进行估计。表6-5汇报了有序Probit模型估计结果。不难发现，方程（1）为基准模型，仅估计控制变量对因变量的影响；方程（2）基于方程（1），加入环境规制两个二级指标，即激励型环境规制和监督型环境规制，估计环境规制各指标对因变量的影响；方程（3）基于方程（1），加入了社会规范四个二级指标，即社会责任规范、个人道德规范、公众认可规范和群体行为规范，估计社会规范各指标对因变量的影响。方程（4）包括了关键自变量，控制变量、地区哑变量。似然比检验结果和四个方程 Prob > chi^2 的值表明，与方程（1）相比，方程（2）、方程（3）和方程（4）均有所显著改善，但方程（4）似然比结果最大，这表明方程（4）的解释力最强，其模型整体拟合效果最好。所以，本章节主要分析方程（4）的估计结果。

表6-5　　有序Probit回归结果

变量	方程（1）	方程（2）	方程（3）	方程（4）
关键自变量				
激励型环境规制		0.273***(0.049)		0.231***(0.056)
监督型环境规制		0.250***(0.050)		0.222***(0.055)
社会责任规范			0.075(0.050)	-0.003(0.053)
个人道德规范			0.146***(0.050)	0.069(0.052)
公众认可规范			0.080*(0.046)	0.004(0.049)
群体行为规范			0.211***(0.048)	0.115**(0.054)
控制变量				
年龄	-0.006(0.006)	0.002(0.006)	0.004(0.006)	0.001(0.006)
受教育水平	0.066***(0.016)	0.048***(0.016)	0.057***(0.016)	0.048***(0.016)
健康状况	-0.040(0.054)	-0.123**(0.057)	-0.095*(0.055)	-0.133**(0.057)
劳动力数量	0.074*(0.042)	0.042(0.043)	0.048(0.043)	0.036(0.043)
家庭年收入	-0.000(0.001)	-0.001(0.001)	-0.001(0.001)	-0.001(0.001)

续表

变量	方程（1）	方程（2）	方程（3）	方程（4）
是否有村干部	0.076(0.104)	0.040(0.104)	0.052(0.104)	0.034(0.104)
土地经营规模	0.002(0.058)	0.013(0.059)	0.013(0.059)	0.017(0.059)
养殖规模	0.239***(0.092)	0.265***(0.091)	0.234**(0.092)	0.253***(0.092)
养殖年限	-0.040***(0.009)	-0.042***(0.009)	-0.042***(0.009)	-0.043***(0.009)
技术培训	0.284***(0.097)	0.205**(0.099)	0.240**(0.100)	0.213**(0.101)
风险感知	-0.041(0.050)	0.026(0.051)	0.014(0.052)	0.045(0.052)
地区哑变量（以鄂东为参照组）	已控制	已控制	已控制	已控制
Log Likelihood	-691.988	-666.374	-677.143	-663.092
Wald chi^2	81.340	137.520	114.580	151.070
Prob > chi^2	0.000	0.000	0.000	0.000
Pseudo R^2	0.059	0.093	0.079	0.098
Likelihood ratio test	—	51.230***	29.690***	57.790***

注：*、**、***分别表示10%、5%、1%的显著水平。括号内为稳健标准误。

方程（4）估计结果表明，激励型环境规制、监督型环境规制均显著正向影响规模养殖户粪污清洁处理行为强度。这说明激励型环境规制、监督型环境规制均能够显著促进规模养殖户粪污清洁处理行为强度，且激励型环境规制和监督型环境规制强度越大，规模养殖户粪污清洁处理行为强度可能越大。这可能是因为，一方面，规模养殖户的畜禽粪污清洁处理行为需要投入额外的成本（潘丹，2015），而激励型环境规制越强，政府帮助规模养殖户承担的粪污清洁处理成本越多，越能够有效缓解其粪污清洁处理时面临的成本压力，且规模养殖户从粪污清洁处理行为中获得的精神激励和鼓舞越大，进而能有效激励其提高自身的清洁处理行为强度。另一方面，监督型环境规制越强，规模养殖户粪污污染处理受到的经济惩罚和批评教育的可能性越大。在这种环境规制的制约下，规模养殖户很有可能增强粪污清洁处理行为强度，以减少因畜禽污染造成的经济损失和心理损失，所以监督型环境规制显著正向影响规模养殖户粪污清洁处理行为强度。

群体行为规范显著正向影响规模养殖户粪污清洁处理行为强度。这说明群体行为规范能够显著提高规模养殖户粪污清洁处理行为强度，且群体行为规范的强度越大，规模养殖户粪污清洁处理行为强度可能越大。我国农村地区“半熟人”的社会属性，使得个体行为决策通常会受他人行为的影响（薛洲和耿献辉，2018）。在农村地区基于“地缘”“血缘”“亲缘”形成的社会环境下，他人环境保护行为通常会对规模养殖户粪污处理行为造成群体压力或具有典型的示范效应，有利于推动规模养殖户对清洁生产行为的选择，所以群体行为规范有利于提高规模养殖户粪污清洁处理行为强度。

从控制变量的影响层面可知，受教育水平显著正向影响规模养殖户粪污清洁处理行为强度，说明受教育水平越高的规模养殖户的粪污清洁处理行为强度可能越大。这可能是因为文化程度越高的规模养殖户知识越丰富，环保观念越强，越能够认识到粪污不合理处理的负外部性（孔凡斌等，2016）。健康状况显著负向影响规模养殖户粪污清洁处理行为强度，说明健康状况越差的规模养殖户的粪污清洁处理行为强度可能越大。这可能是因为健康状况越差的规模养殖户对粪污不合理处理对人类健康的危害越敏感，越有可能提高清洁处理行为强度缓解这个问题。另外，养殖规模、技术培训均显著正向影响规模养殖户粪污清洁处理行为强度。这可能是因为，养殖规模越大的规模养殖户对粪污不合理处理付出的代价越大，参加技术培训的规模养殖户越能清楚地认识到粪污清洁处理具有良好的经济和环境效应。养殖年限显著负向影响规模养殖户粪污清洁处理行为强度，表明规模养殖户的养殖年限越低，其粪污清洁处理行为强度可能越大。这可能是因为，养殖年限越小的规模养殖户受传统低清洁处理经验的影响越小，进而越容易接受新型的粪污高清洁处理方式。

6.3.2　稳健性检验

为检验前文的回归结果是否具有稳健性，本章节运用三种方法重新估计环境规制和社会规范的各指标对规模养殖户粪污清洁处理行为强度的影响。将关键自变量换成为 PCA 获得的环境规制（HZ）、社会规范（SF），重新估计有序 Probit 模型，结果如表 6 –6 的第 2 列所示。接着，剔除 60 周岁以上的老年人样本，重新对筛选后的样本进行有序 Probit 模型估计，结果如表 6 –6 的第 3 列所示。最后，运用普通最小二乘法重新估计环境规制和社会规范的各指标对规模养殖户粪污清洁处理行为强度的影响，结果如表 6 –6 的第 4 列所示。

由表 6 –6 可知，替换关键自变量的检验结果表明，环境规制对规模养殖户粪污清洁处理行为强度的影响仍然具有统计显著性；另外两种检验结果也表明，关键自变量中的激励型环境规制、监督型环境规制、群体行为规范的系数仍然显著为负，与表 6 –5 中的结果基本一致。这说明，表 6 –5 中所得的研究结论具有稳健性。

表 6 –6　稳健性检验结果

变量	替换关键解释变量有序 Probit 回归	无老年人样本的有序 Probit 回归	OLS 回归
关键自变量			
环境规制	0. 455 *** (0. 089)	—	—
社会规范	0. 201(0. 125)	—	—
激励型环境规制	—	0. 225 *** (0. 057)	0. 164 *** (0. 037)
监督型环境规制	—	0. 218 *** (0. 056)	0. 149 *** (0. 036)
社会责任规范	—	0. 006(0. 054)	-0. 007(0. 034)
个人道德规范	—	0. 079(0. 054)	0. 040(0. 035)
公众认可规范	—	0. 004(0. 050)	0. 001(0. 033)
群体行为规范	—	0. 103 * (0. 055)	0. 078 ** (0. 037)
控制变量			
年龄	0. 002(0. 006)	0. 010(0. 006)	0. 002(0. 004)
受教育水平	0. 046 *** (0. 016)	0. 052 *** (0. 017)	0. 034 *** (0. 011)
健康状况	-0. 135 ** (0. 057)	-0. 145 ** (0. 057)	-0. 088 ** (0. 038)
劳动力数量	0. 037(0. 043)	0. 036(0. 044)	0. 027(0. 028)
家庭年收入	-0. 001(0. 001)	-0. 001(0. 001)	-0. 000(0. 001)

续表

变量	替换关键解释变量有序 Probit 回归	无老年人样本的有序 Probit 回归	OLS 回归
是否有村干部	0.035(0.104)	0.039(0.107)	0.004(0.069)
土地经营规模	0.016(0.059)	0.022(0.060)	0.017(0.039)
养殖规模	0.261*** (0.090)	0.238** (0.093)	0.171*** (0.060)
养殖年限	-0.043*** (0.009)	-0.037*** (0.009)	-0.028*** (0.005)
技术培训	0.192* (0.100)	0.221** (0.103)	0.139** (0.069)
风险感知	0.033(0.051)	0.030(0.053)	0.027(0.035)
地区哑变量（以鄂东为参照组）	已控制	已控制	已控制
样本量	711	683	711

注：*、**、*** 分别表示 10%、5%、1% 的显著水平。括号内为稳健标准误。

6.3.3　异质性分析

1. 不同受教育水平的组间影响差异

鉴于规模养殖户具有不同程度的受教育水平，本章节进一步探讨环境规制和社会规范的各指标对不同受教育水平规模养殖户粪污清洁处理行为强度的影响是否存在差异。基于样本特征，将有效样本划分为低教育水平组（受教育水平≤9 年）、高教育水平组（受教育水平 >9 年）2 类，表 6-7 汇报了分组估计结果。

估计结果表明，监督型环境规制显著正向影响低教育水平组规模养殖户粪污清洁处理行为强度，而对高教育水平组的影响不显著，由似无相关检验得到的 p 值在 5% 的水平上显著，说明监督型环境规制对低教育水平组、高教育水平组粪污清洁处理行为强度的影响具有显著性差异。这说明，较之高教育水平组不受影响，监督型环境规制强度越大，低教育水平组的粪污清洁处理行为强度可能越大。这可能是因为，与高教育水平组相比，低教育水平组规模养殖户对清洁生产的相关认知较少，知识储备较少，其粪污清洁处理行为强度可能较低，因此，更容易受以惩罚和批评为主要内容的监督型环境规制的影响。

表 6－7　　　　不同受教育水平组样本的有序 Probit 估计结果

变量	低教育水平组	高教育水平组	p 值
激励型环境规制	0.267*** (0.066)	0.194* (0.103)	0.567
监督型环境规制	0.304*** (0.068)	0.068(0.096)	0.048**
社会责任规范	0.003(0.063)	−0.065(0.104)	0.570
个人道德规范	0.077(0.064)	0.041(0.100)	0.759
公众认可规范	−0.012(0.059)	0.015(0.095)	0.811
群体行为规范	0.101* (0.060)	0.105(0.100)	0.976
控制变量	已控制	已控制	—
Log likelihood	−438.560	−213.176	—
Prob. > chi^2	0.000	0.010	—
Pseudo R^2	0.111	0.076	—
LR chi^2	109.140	34.990	—
样本量	474	237	—

注：*、**、*** 分别表示 10%、5%、1% 的显著水平。括号内为稳健标准误。“p 值”为运用似无相关模型 SUR 检验环境规制各指标、社会规范各指标在不同组间系数差异显著性而得。

2. 不同养殖规模的组间影响差异

在生猪养殖规模化趋势日益明显的现实背景下，本章节进一步考察环境规制、社会规范对养殖规模不同的规模养殖户粪污处理行为强度的影响是否存在差异。基于样本特征，本章节将有效样本划分为小规模养殖户、中大规模养殖户 2 类，表 6－8 汇报了分组估计结果。

估计结果表明，激励型环境规制均显著正向影响小规模组、中大规模组粪污清洁处理行为强度，且对小规模组粪污清洁处理行为强度的影响更甚，由似无相关检验得到的 p 值在 5% 的水平上显著，说明激励型环境规制对小规模组、中大规模组的粪污清洁处理行为强度的影响具有显著性差异。这可能是因为，与中大规模组相比，小规模组的资金储备更少，更难承担粪污清洁处理所需成本，而激励型环境规制能够明显帮助小规模组解决成本问题，所以激励型环境规制对小规模组粪污清洁处理行为强度的影响更大。

群体行为规范显著正向影响中大规模组粪污清洁处理行为强度，但对小规模组的影响不显著，由似无相关检验得到的 p 值在 10% 的水平上显著，说明群体行为规范对小规模组、中大规模组粪污清洁处理行为强度的影响具有显著性差异。这可能是因为，养殖规模较大，中大规模组违反群体行为规范所担的风险和代价也较大。为了尽可能地降低养殖风险，更好地进行生猪养殖工作，中大规模组粪污清洁处理行为更有可能与他人行为保持一致。所以，群体行为规范能有效提升中大规模组的粪污清洁处理行为强度。

表 6-8　　不同养殖规模组样本的有序 Probit 估计结果

变量	小规模组	中大规模组	p 值
激励型环境规制	0.535*** (0.164)	0.164*** (0.058)	0.036**
监督型环境规制	0.419** (0.184)	0.195*** (0.058)	0.183
社会责任规范	-0.020(0.158)	0.013(0.057)	0.842
个人道德规范	-0.134(0.166)	0.080(0.057)	0.153
公众认可规范	-0.063(0.144)	0.013(0.054)	0.604
群体行为规范	-0.143(0.157)	0.158*** (0.055)	0.084*
控制变量	已控制	已控制	—
Log likelihood	-73.771	-572.375	—
Prob. > chi^2	0.000	0.000	—
Pseudo R^2	0.293	0.085	—
LR chi^2	61.220	106.670	—
样本量	101	610	—

注：*、**、*** 分别表示 10%、5%、1% 的显著水平。括号内为稳健标准误。“p 值”为运用似无相关模型 SUR 检验环境规制、社会规范二级指标在不同组间系数差异显著性而得。

3. 不同风险感知的组间影响差异

相关行为的风险大小是以规模养殖户为代表的农户行为发生的重要考虑因素。本章节进一步考察环境规制、社会规范对不同风险感知组规模养殖户粪污处理行为强度的影响是否存在差异。基于样本特征，本章节将有效样本划分为高风险组规模养殖户（风险感知 >2）、低风险组规模养殖户（风险感知≤2）2 类，表 6 –9 汇报了分组估计结果。

表 6 –9 不同风险感知组样本的有序 Probit 估计结果

变量	高风险组	低风险组	p 值
激励型环境规制	0.237 *** (0.067)	0.304 *** (0.104)	0.589
监督型环境规制	0.212 *** (0.064)	0.311 *** (0.109)	0.447
社会责任规范	0.030(0.065)	–0.055(0.099)	0.471
个人道德规范	0.186 *** (0.067)	–0.115(0.092)	0.009 ***
公众认可规范	–0.017(0.062)	–0.004(0.084)	0.898
群体行为规范	0.167 *** (0.060)	–0.031(0.101)	0.104
控制变量	已控制	已控制	—
Log likelihood	–443.121	–202.167	—
Prob. > chi^2	0.000	0.000	—
Pseudo R^2	0.126	0.107	—
LR chi^2	128.100	48.480	—
样本量	491	220	—

注：*** 表示 1% 的显著水平。括号内为稳健标准误。“p 值”为运用似无相关模型 SUR 检验环境规制、社会规范二级指标在不同组间系数差异显著性而得。

估计结果表明，个人道德规范显著正向影响高风险组规模养殖户粪污清洁处理行为强度，但对低风险组规模养殖户的影响不显著，由似无相关检验得到的 p 值在 1% 的水平上显著，说明个人道德规范对高、低风险组规模养殖户粪污清洁处理行为强度的影响具有显著差异。这可能是因为，与低风险组持保守态度不同，对于高风险组规模养殖户而言，个人道德规范越强，其越有信心且越有可能依照自我形成的正确价值观行事，所以其粪污清洁处理行为强度可能越大。

6.4 本章小结

基于湖北省九市生猪规模养殖户数据，本章以粪污七类处理方式为例，实证探讨环境规制和社会规范的各个二级指标对规模养殖户清洁生产行为选择、行为强度的影响，并进一步比较了环境规制和社会规范的各指标对不同特征规模养殖户粪污清洁处理行为强度的影响差异。主要结论如下所述。

一是规模养殖户七类粪污处理行为选择之间具有替代或互补关系。规模养殖户的丢弃行为受环境规制的各个指标、社会责任规范、个人道德规范的负向影响，直接还田行为受社会责任规范、公众认可规范的正向影响，制有机肥行为受环境规制各个指标的正向影响，制沼气行为受激励型环境规制、群体行为规范的正向影响，制饲料行为受公众认可规范的正向影响，制培养基行为受社会责任规范的正向影响，而卖钱行为受监督型环境规制以及社会规范各个指标的正向影响。

二是规模养殖户的粪污清洁处理行为强度显著受环境规制的各个指标以及群体行为规范的正向影响，这一结论具有稳健性；异质性分析发现，与高教育水平组不受影响不同，低教育水平组的粪污清洁处理行为强度受监督型环境规制的正向影响；与低风险组不受影响不同，高风险组的粪污清洁处理行为强度受个人道德规范的正向影响；区别于小规模组不受影响，群体行为规范正向影响中大规模组的粪污清洁处理行为强度，但与中大规模组相比，小规模组的粪污清洁处理行为强度受激励型环境规制的影响更大。

第7章 环境规制、社会规范对规模养殖户清洁生产行为家庭经济效应和幸福感效应的影响

前一章实证探讨了环境规制、社会规范的各指标对规模养殖户粪污清洁处理行为选择和行为强度的影响，并比较了对不同特征规模养殖户粪污清洁处理行为强度的影响差异。本章节进一步将粪污清洁处理行为划分为高、低清洁处理行为两类，实证分析环境规制、社会规范对规模养殖户粪污清洁处理行为的家庭经济效应和幸福感心理效应的影响，并利用反事实法，分析规模养殖户粪污高、低清洁处理行为的家庭经济水平和幸福感水平的差异。

推广畜禽养殖清洁生产是畜禽规模养殖破解环境资源约束，实现绿色发展的重要举措（应瑞瑶等，2014）。畜禽养殖清洁生产方式中最主要的方式是粪污资源化利用，此方式可以有效缓解农村地区农业面源污染等问题，提高养殖户物质和精神财富。整体而言，畜禽养殖清洁生产实践的宏观目标是促进畜禽养殖业的健康发展，微观目标则是实现养殖户增产增收，改善农村人居环境，达到畜禽养殖富农、乐农的目的。正如李建华等（2004）和吴青蔓等（2017）研究所发现的那样，受国家政策的约束，具有经济理性的养殖户通常会通过清洁生产技术的采用，提高畜产品质量以及废弃物资源利用率，进而在增加畜禽养殖经济效益的同时，改善生态环境，提高人居环境质量（张帅等，2018）。而部分学者（如张诩等，2019）也提出，在严格监管政策以及非普惠性补贴政策的影响下，一些养殖户会增加对粪污治理的投入，以避免经济惩罚，这虽然在一定程度上有利于改善人居环境，但会降低畜禽养殖的经济效益。未来一段时间，我国畜禽养殖规模化、集约化发展是主流发展趋势，随着相关政策的不断趋紧，如何在促进规模养殖户参与清洁生产的同时，提高其经济效益和幸福感以实现富农和乐农，显得尤为重要。因此，本章将深入研究环境规制、社会规范对规模养殖户清洁生产行为的家庭经济效应和幸福感心理效应的影响，这对有效推动相关清洁生产技术的实践具有重要的借鉴意义。

目前，学者的相关研究成果已相对丰富。从研究内容来看，虞祎等（2012）、李乾和王玉斌（2018）等的经验分析文献主要探讨了养殖户的清洁生产行为及其影响因素。少部分学者考察了养殖户清洁生产效益及其驱动因子。例如，张诩等（2019）基于北京市微观调查数据，测算了养殖户废弃物治理的经济效益，并探讨了个人特征、养殖经营特征、外部环境等因素对该效益的影响；乔娟和张诩（2019）基于 2017 年北京市的调研数据，客观评价了养殖废弃物治理的经济、社会和环境效益，并研究了政府干预、道德责任在提高三种效益中的作用；贝希尔等（Beshir et al.，2012）以埃塞俄比亚东北部地区养殖户为研究对象，实证分析了种养结合技术的技术、经济效益及其驱动因素。从研究方法来看，现有学者多利用 SFA - Tobit 法（Beshir et al.，2012）、结构方程法（乔娟和张诩，2019）、DEA - Tobit 法（张诩等，2019）、DEA - QR 法（朱宁和秦富，2016）等，估计畜禽养殖清洁生产的绩效及其影响因素。需要强调的是，这些研究尽管丰富了既有研究内容，但仍存在一定的局限性。一是学者们忽视了环境规制、社会规范对规模养殖户清洁生产行为经济效应和心理效应的影响；二是既有研究考察养殖户畜禽粪污治理的技术和经济等效益，鲜有学者集中探讨养殖户粪污清洁处理对家庭经济水平和个人幸福感心理水平的影响；三是既有估计粪污处理绩效的研究大多忽略了养殖户粪污处理可能存在自选择的内生性问题，忽视这个问题可能造成估计结果有偏。

因此，本章节拟将环境规制、社会规范纳入规模养殖户粪污清洁处理行为家庭经济效应和幸福感心理效应的模型中，利用湖北省生猪规模养殖户数据，运用内生转换模型并构建工具变量，实证研究环境规制、社会规范对规模养殖户粪污清洁处理行为的家庭经济效应和幸福感心理效应的影响，并基于反事实分析，考察规模养殖户粪污清洁处理行为不同时，家庭经济水平和幸福感心理水平的平均处理效应。

7.1 规模养殖户清洁生产行为及家庭经济水平和幸福感水平测度

7.1.1 规模养殖户清洁生产行为划分

一直以来，粪污清洁处理受到了政府和社会公众的广泛关注。基于前文的分析可知，目前主要的粪污处理方式包括丢弃、直接还田、制有机肥、制沼气、制培养基、制饲料、卖钱处理。正如前文所述，从七类处理方式的环境影响来看，制有机肥、制沼气、制饲料、制培养基、卖钱处理的清洁程度较高。而直接还田一方面对配套耕地的大小要求较高（刘仁鑫等，2019），另一方面因为粪污中大量有害物质的存在，会对土壤、水等环境造成污染（潘丹和孔凡斌，2015）；丢弃处理是一种威胁环境安全的非环保处理方式。

在以上分析的基础上，本章拟依据规模户粪污处理方式对环境影响的大小，将其行为划分为粪污高清洁处理行为（以下简称“高清洁行为”）、粪污低清洁处理行为（以下简称“低清洁行为”）两类。具体而言，高清洁粪污处理行为是指规模养殖户既不丢弃粪污也不将其直接还田，低清洁粪污处理行为指规模养殖户对粪污进行丢弃处理或直接还田或二者兼有处理。通过对湖北省调研数据的分析可知，有效样本中，高清洁行为规模养殖户、低清洁行为规模养殖户分别为 345 户、366 户，各占有效样本的 48.52%、51.48%。由此可知，目前湖北省仍有相当一部分规模养殖户粪污处理的清洁程度较低。

7.1.2　规模养殖户家庭经济水平和幸福感水平测度

2018 年，中共中央、国务院联合颁布的《乡村振兴战略规划（2018—2022 年）》明确指出，要“促进农民持续增收，不断提升农民的获得感、幸福感、安全感。”促进规模养殖户参与粪污清洁处理的出发点和落脚点是提高其相关行为的经济效应和主观幸福感。杨伟民（2008）、叶静怡和王琼（2014）等研究发现，达到既定目标是个人行为发生的动力，这些目标是人们从经济活动中所追求的，包括个人应得的保护和照顾，如经济条件，也包括个人得到良好的精神财富。前者通常指能用货币衡量的具有经济属性的经济条件，后者一般指心理成就，如幸福感（高进云和乔荣锋，2011；袁方等，2014）。概括而言，经济水平和心理状况是以规模养殖户为代表的农户行为发生与否的重要考量因素（蒲实和袁威，2019）。通常，家庭经济水平是衡量经济状况的常用指标（王宝海和王翠琴，2005），而幸福感是个体心理状况的直观反映（Kammann et al.，1984）。因此，遵循数据可行性原则，本书用家庭人均年收入、个体幸福感分别衡量规模养殖户清洁生产行为的经济效应和心理效应。

具体而言，家庭人均年收入等于家庭总收入/家庭总人口。表 7－1 汇报了有效样本的家庭人均年收入特征。由表 7－1 可知，家庭人均年收入小于等于 3 万元的规模养殖户有 336 户，占有效样本 47.26%；在 3 万～6 万元之间的规模养殖户有 206 户，占有效样本 28.97%，而超过 6 万元的规模养殖户相对较少，有 169 户，占有效样本 23.77%。由此可见，近一半的规模养殖户家庭人均年收入较低，位于 3 万元及以下的水平。

表 7－1　家庭人均年收入统计情况

家庭人均年收入（万元/(人/年)）	≤3 万元	>3 万元且≤6 万元	>6 万元	合计
样本量（户）	336	206	169	711
占比（%）	47.26	28.97	23.77	100

资料来源：作者根据实地调研数据整理而得。

借鉴卡姆曼等（Kammann et al.，1984）的研究，本书用受访者对“过去30天，你有多长时间有过很幸福的情绪”的回答来直观反映个体幸福感。答复选项为“从来没有”“很少”“有时”“大多数时间”和“几乎全部时间”的五分量表。图7－1汇报了个体幸福感的情况。由图7－1可知，拥有幸福感（包括“大多数时间”感到幸福、“有时”幸福、“几乎全部时间”感到幸福）的规模养殖户占比较大，高达86.22%，而没有幸福感（包括“很少”感到幸福、“从来没有”感到幸福）的规模养殖户仅占有效样本的13.78%。由此可见，大部分规模养殖户拥有一定程度的幸福感，规模养殖户的主观幸福感水平整体一般。

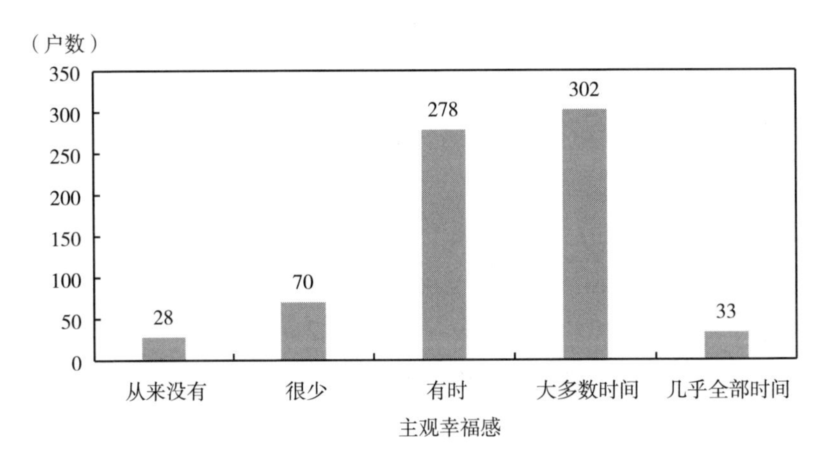

图7－1　规模养殖户的主观幸福感状况

资料来源：作者根据实地调研数据整理而得。

7.2　理论分析与模型选择

7.2.1　理论分析

1. 环境规制、社会规范对规模养殖户清洁行为家庭经济效应和幸福感效应影响的理论逻辑

畜禽规模养殖具有环境负外部性特点，这一特点使得规模养殖户畜禽

养殖的个人成本小于社会成本，从而导致市场失灵的现象。环境规制是政府为弥补市场失灵，对规模养殖户相关行为进行干预的重要举措（张郁和江易华，2016）。环境规制将环境保护贯穿于规模养殖户的畜禽养殖生产过程中，使得环境成本内部化，进而影响规模养殖户相关行为决策的家庭经济效应和幸福感效应。就环境规制对规模养殖户高清洁行为家庭经济效应的影响而言，严格环境规制政策可以通过政府补贴等措施降低规模养殖户高清洁行为的投入成本，还可以通过罚款等措施降低规模养殖户对非清洁生产的投入，促使其改变生产方式，提高生产效率（郭捷和杨立成，2020），从而提高其清洁生产行为的家庭收入效应。就环境规制对规模养殖户清洁生产行为个人幸福感效应的影响而言，在严格的环境规制标准下，规模养殖户高清洁行为获得的政策支持力度更大，受罚款等监督约束更小，从而有利于畜禽养殖的健康发展，因此其从高清洁行为中获得的幸福感可能越大；不仅如此，受严格环境规制政策的影响，规模养殖户的高清洁行为能有效缓解农业面源污染等问题，降低粪污对其健康的威胁，因此其从高清洁行为中获得的幸福感可能越大。综上所述，提出如下假设：

H7 $-$ a_1：环境规制正向影响规模养殖户高清洁行为的家庭人均年收入效应。

H7 $-$ a_2：环境规制正向影响规模养殖户高清洁行为的个人幸福感心理效应。

作为一种非正式制度（蔡启华，2017），社会规范的强弱间接反映了规模养殖户基于农村“半熟人”网络而形成的社会资本的多寡（许朗等，2015），是规模养殖户的一种软资源（Nan，2001）。社会规范有助于规模养殖户基于自我行为规范，或通过社会互动，遵循社会化行为预期，从而获得期望效用（汪冲和赵玉民，2013）。就社会规范对规模养殖户高清洁行为家庭经济效应的影响而言，良好的、支持性的社会规范能为规模养殖户高清洁行为提供便捷的信息获取渠道以及较多的社会资源等，有利于其合理配置各种资源，提高生产效率，从而提高其高清洁行为的家庭经济效应。就社会规范对规模养殖户高清洁行为幸福感效应的影响而言，良好的、支持性的社会规范使得规模养殖户高清洁行为合情合理，有利于为畜禽养殖提供有效的社会保障，进而提高其高清洁行为的幸福感水平。综上所述，提出如下假设：

H7 – b_1：社会规范正向影响规模养殖户高清洁行为的家庭人均年收入效应。

H7 – b_2：社会规范正向影响规模养殖户高清洁行为的个人幸福感心理效应。

2. 规模养殖户清洁行为的家庭经济效应和幸福感效应的理论分析

"理性经济人"表明，生猪规模养殖户的粪污高、低清洁处理行为选择均以实现利润或效用最大化为目标。借鉴贝塞里尔和阿卜杜勒（Becerril and Abdulai，2010）、卡西等（Kassie et al.，2011）和图法等（Tufa et al.，2019）的研究，本章将规模养殖户粪污高、低清洁处理行为选择纳入随机效用函数。假设当 $S^* = U_{iT} - U_{i0} > 0$ 时，为追求效用最大化，第 i 个中性风险规模养殖户会选择高清洁处理。S^*：不可直接观测的潜变量，表示高清洁行为（U_{iT}）和低清洁行为（U_{i0}）的效用水平之差。S^* 可表示为：

$$S_i^* = \beta Z_i + \varepsilon_i, S_i = \begin{cases} 1 & 当\ S_i^* > 0 \\ 0 & 其他 \end{cases} \tag{7-1}$$

式（7 – 1）中，S：二分变量；$S_i = 1$：第 i 个规模养殖户选择高清洁处理；$S_i = 0$：第 i 个规模养殖户选择低清洁处理；β：待估参数向量，Z_i：解释变量；ε_i：扰动项。

通常，与低清洁处理方式相比，理性规模养殖户选择高清洁处理方式会获得更大的效用，获得的经济效应和幸福感心理效应也更大。具体而言，从经济效应层面来看，一方面，在政策支持的背景下，通过选择粪污高清洁处理，规模养殖户可以获得更多的政府补贴，进而直接提高了家庭经济收入；规模养殖户还可以通过高清洁处理方式的选择实现畜禽养殖的健康发展，进而有利于其家庭收入的增长（张诩等，2019）。另一方面，理性农户以合理利用既有资源实现利润最大化为目标（孙顶强等，2016）。选择粪污高清洁处理方式有利于促进规模养殖户优化农业资源配置，如选择制沼气、制有机肥处理方式可以减少规模养殖户对薪柴、电和化肥的开支，进而提高其家庭经济收入（陆文聪等，2010）。就幸福感心理效应而言，选择粪污高清洁处理方式，可以有效缓解畜禽粪污对周围居民生活带来的不便以及对人畜健康的威胁，还可以缓解畜禽粪污引起的农业面源污染问题，从而提高生猪养殖的生态效益，进而有利于规模养殖户幸福感心理水平的提高（庞金梅，2011）。

假设规模养殖户家庭经济水平和幸福感心理水平的增加是高清洁处理行为选择（S_i）和其他自变量（X_i）的线性函数，则可表示为：

$$Y_i = \lambda X_i + \delta S_i + u_i \tag{7-2}$$

其中，Y_i：规模养殖户的家庭人均年收入或幸福感；λ、δ：待估参数；μ：扰动项。具体而言，δ 衡量清洁处理行为选择对规模户家庭经济水平或幸福感的影响。δ 的无偏估计要求随机分配高清洁行为规模养殖户和低清洁行为规模养殖户。事实上，规模养殖户高、低清洁处理行为选择是在预期收益或效用分析基础上的一种自愿选择行为，因此，一些可观测和不可观测因素（如个人能力、个人偏好等）会同时影响其高、低清洁处理行为选择、家庭经济水平和幸福感，具有内生性问题。忽略该问题会造成 δ 的估计有偏。贝塞里尔和阿卜杜勒（2010）、卡西等（2010）的研究多采用倾向得分匹配法估计行为选择的效应，但此方法只可解决可观测因素的影响，不能解决不可观测因素影响引起的内生性问题；还有部分文献采用工具变量法，但该方法不可估计处理效应的异质性（杨志海，2019）。

基于此，借鉴沃森等（2017）、图法等（2019）、杨志海等（2019）的研究，本章基于对工具变量的选取，运用内生转换模型估计规模养殖户清洁处理行为选择的家庭经济效应和幸福感心理效应。此方法可以解决可观测和不可观测因素影响引起的自选择内生性问题，还可以比较环境规制、社会规范等因素对高、低清洁处理行为家庭经济效应和幸福感心理效应的影响差异。而且，该方法可以运用全信息最大似然估计方法进行估计，以处理有效信息遗漏问题，还可实现反事实分析，在反事实情况下，估计规模养殖户高、低清洁处理行为家庭人均年收入和幸福感的处理效应。

7.2.2 模型选择

自从李（Lee，1978）完善了内生转换模型，该方法被学者们广泛用于估计农业技术对产量（Abdulai and Huffman，2014）、作物收入（Wossen et al.，2017）和家庭支出（Tufa et al.，2019）等结果变量的影响。概括而言，内生转换模型主要包括两个阶段。阶段一，运用二元选择模型（如二元 Logistic 模型、二元 Probit 模型），估计规模养殖户高、低清洁处理的行为选择。阶段二，构建规模养殖户的家庭经济水平和幸福感水平方程，估计高、低清洁行为选择导致的家庭人均年收入和个人幸福感的变化，分析环境规制、社会规范对高、低清洁处理规模养殖户家庭人均年收入和幸福感的影响差异。由此可知，阶段二包含了两个结果方程。

方程一（高清洁行为规模养殖户的家庭人均年收入或个人幸福感方程）：

$$y_{iT} = \varphi_T X_{iT} + \upsilon_{iT}, \text{ if } S_i = 1 \tag{7-3}$$

方程二（低清洁行为规模养殖户的家庭人均年收入或个人幸福感方程）：

$$y_{i0} = \varphi_0 X_{i0} + \upsilon_{i0}, \text{ if } S_i = 0 \tag{7-4}$$

其中，y_{iT}、y_{i0}：高、低清洁行为规模养殖户的家庭人均年收入或个人幸福感；X_{iT}、X_{i0}：高、低清洁处理规模养殖户的个人特征、家庭特征等变量以及环境规制、社会规范变量。φ_T、φ_0：待估参数，υ_{iT}、υ_{i0}：扰动项。由于规模养殖户高、低清洁行为选择是内生的。所以由于自选择偏误问题，误差项 υ_{iT}、υ_{i0}具有非零期望值（Abdulai and Huffman，2014），进而对 φ_T、φ_0 的直接估计有偏。

正如福吉和博世（Fuglie and Bosch，1995）指出的那样，用工具变量估计是处理内生性问题的可行办法。基于研究目的和内容，本章选择“村庄废弃物处理设施”“五年前粪污处理情况”作为工具变量，将其各纳入规模养殖户清洁行为选择与家庭人均年收入模型联立估计、规模养殖户清洁行为选择与个人幸福感模型联立估计中。具体而言，村庄是否有农业废弃物处理设施仅影响规模养殖户高、低清洁行为的选择。通常，村庄有农业废弃物处理设施时，规模养殖户基于此条件而选择高清洁处理方式的概率较大；相反，村庄没有农业废弃物处理设施时，规模养殖户选择易操作但危害大的丢弃或直接还田等低清洁处理方式的可能性越大。直观来看，村庄是否有农业废弃物处理设施对规模养殖户的家庭人均年收入并没有直接的影响。五年前畜禽粪污清洁处理情况仅影响现在规模养殖户粪污高、低清洁处理的行为选择。通常情况下，规模养殖户对粪污处理具有经验依赖性，五年前粪污清洁处理程度越高，受该经验的影响，规模养殖户选择高清洁处理方式的概率越大；反之，规模养殖户更有可能选择低清洁处理方式。直观来看，五年前畜禽粪污清洁处理情况具有时间滞后性，并不能直接影响规模养殖户当前的幸福感水平。

内生转换模型的估计结果可展示环境规制、社会规范等因素对高、低清洁行为规模养殖户家庭人均年收入和个人幸福感的影响差异。估计高、低清洁处理行为选择对规模养殖户家庭人均年收入和个人幸福感的影响还需进一步在反事实分析框架下，通过比较实际情况和反事实情况下高、低清洁行为规模养殖户的家庭人均年收入和幸福感结果变量的期望值，从而得到高、低清洁行为选择对规模养殖户家庭经济水平和个人幸福感影响的平均处理效应。

其中，高清洁行为规模养殖户的家庭人均年收入或个人幸福感的期望值（处理组）为：

$$E[y_{iT} \mid S=1] = X\varphi_T + \sigma_{T\varepsilon}\lambda_{iT} \tag{7-5}$$

低清洁行为规模养殖户的家庭人均年收入或个人幸福感的期望值（控制组）为：

$$E[y_{i0} \mid S=0] = X\varphi_0 + \sigma_{0\varepsilon}\lambda_{i0} \tag{7-6}$$

高清洁行为规模养殖户若选择低清洁处理时家庭人均年收入或个人幸福感的期望值为：

$$E[y_{i0} \mid S=1] = X\varphi_0 + \sigma_{0\varepsilon}\lambda_{iT} \tag{7-7}$$

低清洁行为规模养殖户若选择高清洁处理时家庭人均年收入或个人幸福感的期望值为：

$$E[y_{iT}|S=0]=X\varphi_T+\sigma_{T\varepsilon}\lambda_{i0} \tag{7-8}$$

则实际高清洁行为规模养殖户的家庭人均年收入或个人幸福感的平均处理效应（ATT）可用式（7－5）～式（7－7）的差表示，即：

$$\begin{aligned} ATT_i &= E[y_{iT}|S=1]-E[y_{i0}|S=1] \\ &= X(\varphi_T-\varphi_0)+\lambda_{iT}(\sigma_{T\varepsilon}-\sigma_{0\varepsilon}) \end{aligned} \tag{7-9}$$

实际低清洁行为规模养殖户的家庭人均年收入或个人幸福感的平均处理效应（ATU）可用式（7－6）～式（7－8）的差表示，即：

$$\begin{aligned} ATU_i &= E[y_{i0}|S=0]-E[y_{iT}|S=0] \\ &= X(\varphi_0-\varphi_T)+\lambda_{i0}(\sigma_{0\varepsilon}-\sigma_{T\varepsilon}) \end{aligned} \tag{7-10}$$

基于以上分析，运用 ATT_i、ATU_i 的均值考察高、低清洁行为规模养殖户家庭人均年收入或个人幸福感的平均处理效应。

7.2.3 数据来源及变量说明

基于 2018 年 7～8 月在湖北省九市区对生猪规模养殖户调查所得的微观数据，适合本章的有效样本有 711 份。样本区域选择、有效样本的具体特征统计详见第 3 章，此处不再赘述。本章节的变量如下所述：

（1）因变量。根据研究目的，本章节的因变量包括规模养殖户高、低清洁行为选择、家庭人均年收入和个人幸福感。其中，对于规模养殖户高、低清洁行为选择变量，将高清洁行为赋值为 1，低清洁行为赋值为 0。依据数据的可得性原则，本章节用家庭人均年收入衡量家庭经济状况，用幸福感衡量规模养殖户心理状况。表 7－2 汇报了变量的具体特征。

（2）自变量。基于研究目的和第 4 章研究内容，关键自变量为第 4 章通过 PCA 法获得的环境规制、社会规范变量。此外，借鉴贝希尔等（2012）、虞祎等（2012）、潘丹（2015）、姜海等（2016）、舒畅等（2017）、王建华等（2019）、李杰等（2019）研究成果，选取性别、年龄、受教育水平、健康状况、劳动力数量、家中村干部、土地经营规模、养殖年限、养殖规模、技术培训、风险感知以及鄂东、鄂中、鄂西地区哑变量作为控制变量。

（3）工具变量。包括“村庄废弃物处理设施”“五年前粪污处理情况”两个工具变量，其选择原因在“模型选择”部分已作说明。

表7－2汇报了变量定义及描述性统计情况。不难发现，与低清洁行为规模养殖户相比，高清洁行为规模养殖户的家庭人均年收入水平更高，幸福感更强，环境规制和社会规范的水平均更高。此外，高清洁行为规模养殖户的受教育水平更高，健康状况更好，养殖规模更大，更有可能参加技术培训。但高清洁行为规模养殖户的养殖年限低于低清洁行为规模养殖户。另外，两组规模养殖户中，两个工具变量的均值差异较为明显。

表7－2　　变量选择及解释

变量名称	含义	全样本	粪污低清洁处理（O）	粪污高清洁处理（T）	差（T－O）
因变量					
粪污清洁处理选择	畜禽粪污高清洁处理＝1；畜禽粪污低清洁处理＝0	0.485	0.000	1.000	—
家庭人均年收入	家庭年收入/家庭总人数（万元/(人·年)）	5.743	4.043	7.547	3.504***
幸福感	过去30天中的幸福感情绪，1～5，从来没有～几乎全部时间	3.340	3.126	3.568	0.442***
关键自变量					
环境规制	前文主成分分析得分	0.000	－0.261	0.278	0.539***
社会规范	前文主成分分析得分	0.000	－0.161	0.171	0.332***
其他解释变量					
性别	男＝1；女＝0	0.914	0.913	0.916	0.003
年龄	周岁（年）	47.333	47.208	47.467	0.259
受教育水平	受教育程度（年）	8.791	8.393	9.213	0.820***
健康状况	1～5，很差～很好	3.467	3.317	3.626	0.309***
劳动力数量	家庭劳动力数量（人）	3.068	3.005	3.133	0.128
家中村干部	家中是否有村干部，是＝1；否＝0	0.269	0.262	0.275	0.013
土地经营规模	家庭土地实际经营规模（公顷）	1.393	1.102	1.701	0.599
养殖规模	2017年生猪年出栏量（头）	332.028	285.858	381.009	95.151***
养殖年限	生猪养殖（年）	8.207	8.601	7.790	－0.811*

续表

变量名称	含义	全样本	粪污低清洁处理（O）	粪污高清洁处理（T）	差（T－O）
技术培训	是否参与相关技术培训，是＝1；否＝0	0.662	0.590	0.739	0.149***
风险感知	1～5，很小～很大	2.778	2.789	2.768	－0.021
鄂东	鄂东地区，是＝1；否＝0	0.304	0.317	0.290	－0.027
鄂中	鄂中地区，是＝1；否＝0	0.187	0.284	0.084	－0.200***
鄂西	鄂西地区，是＝1；否＝0	0.509	0.399	0.626	0.227***
工具变量					
村庄废弃物处理设施	村庄存在农业废弃物处理设施，是＝1；否＝0	0.592	0.459	0.733	0.274***
五年前粪污处理情况	五年前是否将畜禽粪污高清洁处理，是＝1；否＝0	0.211	0.057	0.374	0.317***
样本量	—	711	366	345	—

注：表中数据为样本均值。*、*** 分别表示10%、1%的显著性水平。

7.3 模型估计结果与分析

7.3.1 随机优势分析

首先运用随机优势分析，估计高、低清洁行为规模养殖户的家庭人均年收入和幸福感的差异。该方法基于倾向得分对规模养殖户进行匹配。就本书而言，图7－2中的（a）（b）分别汇报了根据家庭人均年收入模型估计的高、低清洁行为规模养殖户的倾向得分匹配结果，图7－2中的（c）和（d）分别汇报了根据个人幸福感模型估计的高、低清洁行为规模养殖户的倾向得分匹配结果。（a）中共同支撑的倾向得分在0.059～0.990，（c）中共同支撑的倾向得分在0.061～0.996，结合密度分布图（b）和（d）可知，匹配结果可以满足分析要求。

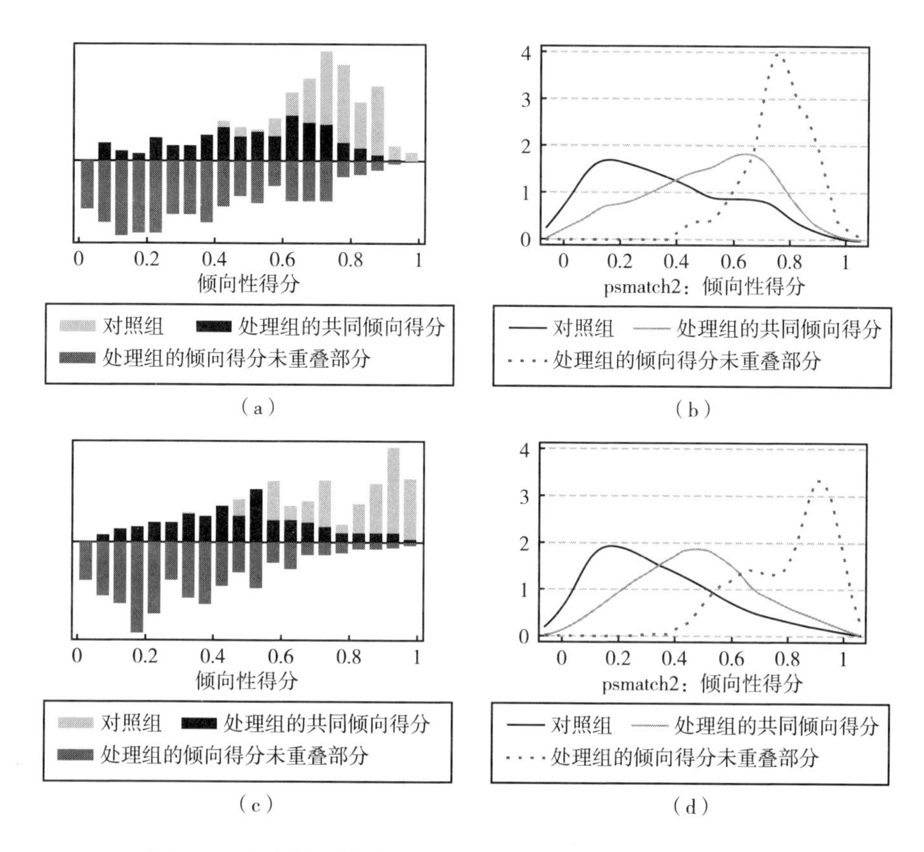

图7－2　倾向得分估计的共同支撑图和倾向得分密度分布情况

注：倾向得分密度为y轴。

随机优势分析有助于估计家庭人均年收入和幸福感的整体密度分布（即累积密度分布函数）。图7－3汇报了随机优势分析的累积密度分布情况。其中，（a）为高、低清洁行为规模养殖户的家庭人均年收入累积密度分布，（b）为高、低清洁行为规模养殖户的幸福感累积密度分布。可见，高清洁行为规模养殖户的家庭人均年收入、幸福感的累积密度分布均优于低清洁行为规模养殖户。一阶随机占优非参数柯尔莫诺夫－斯米尔诺夫检验（K－S检验）结果也表明，高清洁行为规模养殖户的家庭人均年收入和幸福感的累积密度分布函数均在1%的水平上显著优于低清洁行为规模养殖户。这说明，在可观测因素的影响下，高清洁行为规模养殖户的家庭人均年收入水平和幸福感水平大体上均高于低清洁行为规模养殖户。例如，约94.1%的低清洁行为规模养殖户的家庭人均年收入小于或等于10万元/人/年，高于同类的高清洁行为规模养殖户（84.2%）；约63.8%的低清洁行为规模养殖户的幸福感水平处于一般及以下水平，高于同类的高清洁行为规模养殖户（41.45%）。

随机优势分析结果表明，高清洁行为规模养殖户的家庭人均年收入和幸福感水平均高于低清洁行为规模养殖户。然而，由于匹配的高、低清洁行为规模养殖户之间可能存在不可观测的异质性因素，不能就此总结粪污高清洁处理有利于提高家庭人均年收入水平和个人幸福感水平。因此，下一节将运用内生转换模型，试图通过控制高、低清洁行为规模养殖户之间存在的可观测因素和不可观测因素的差异，以估计高、低清洁处理行为对规模养殖户家庭人均年收入和幸福感影响的处理效应。

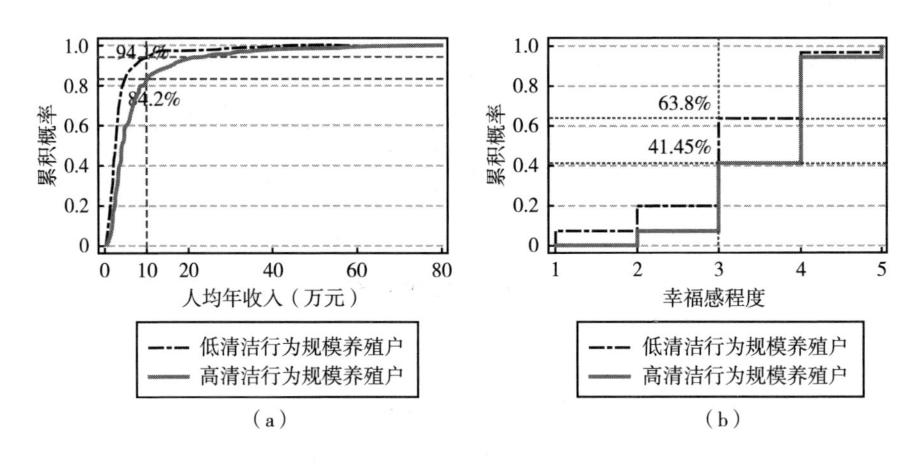

图7-3 不同类别规模养殖户的家庭人均年收入和幸福感的累积密度分布函数

7.3.2 内生转换模型估计结果与分析

内生转换模型估计前，先对规模养殖户粪污清洁处理行为选择与家庭人均年收入、幸福感联立估计所选的自变量进行多重共线性检验。检验结果表明，两组解释变量中的方程膨胀因子（VIF）最大值各为1.880、1.870，均小于3，说明所选自变量之间多重共线性问题不严重。

表7-3汇报了规模养殖户清洁处理行为选择与家庭人均年收入、幸福感模型联立的估计结果。其中，第2~4列为规模养殖户高、低清洁行为选择与家庭人均年收入模型联立估计结果。具体而言，第2列为规模养殖户高、低清洁行为选择的影响因素估计结果，第3、第4列分别为低、高清洁行为规模养殖户家庭人均年收入的影响因素估计结果。三个模型的联合似然比检验在1%的水平显著，表明在考虑环境规制、社会规范、控制变量的条件下，高、低清洁行为规模养殖户的家庭人均年收入存在差异。第5~7列为规模养殖户高、低清洁行为选择与幸福感模型联立估计结果。具体而言，第5列为规模养殖户高、低清洁行为选择的影响因素估计结果，第6、第7列分别为低、高清洁行为规模养殖户幸福感的影响因素估计结果。三个模型的联合似然比检验在1%的水平上显著，表明在考虑环境规制、社会规范、控制变量的条件下，高、低清洁行为规模养殖户的主观幸福感存在差异。总体而言，本书运用内生转换模型具有合理性（Kabunga et al.，2012）。

表7-3 全信息最大似然法的内生转换模型估计结果

变量名称	家庭人均年收入			幸福感		
	选择模型	低清洁行为规模养殖户	高清洁行为规模养殖户	选择模型	低清洁行为规模养殖户	高清洁行为规模养殖户
关键自变量						
环境规制	0.475*** (0.097)	0.115 (0.083)	0.020 (0.087)	0.443*** (0.101)	-0.058 (0.091)	0.243*** (0.081)
社会规范	0.327** (0.144)	0.071 (0.103)	0.180 (0.119)	0.379** (0.148)	0.514*** (0.122)	0.423*** (0.110)
其他解释变量						
性别	-0.107 (0.184)	-0.047 (0.139)	-0.213 (0.149)	-0.315 (0.197)	0.118 (0.167)	0.089 (0.134)
年龄	0.010 (0.007)	-0.001 (0.005)	0.012** (0.006)	0.010 (0.007)	0.004 (0.006)	0.002 (0.005)
受教育水平	0.023 (0.018)	-0.024* (0.014)	0.032** (0.024)	0.018 (0.019)	0.025 (0.016)	0.003 (0.013)

续表

变量名称	家庭人均年收入			幸福感		
	选择模型	低清洁行为规模养殖户	高清洁行为规模养殖户	选择模型	低清洁行为规模养殖户	高清洁行为规模养殖户
健康状况	0.085 (0.063)	0.256*** (0.043)	0.215*** (0.085)	0.104 (0.065)	0.111** (0.050)	0.117** (0.052)
劳动力数量	0.002 (0.051)	-0.047 (0.037)	-0.008 (0.038)	0.072 (0.051)	-0.062 (0.044)	0.030 (0.034)
家中村干部	-0.126 (0.119)	0.011 (0.088)	0.097 (0.094)	-0.099 (0.125)	-0.021 (0.107)	0.064 (0.085)
土地经营规模	-0.005 (0.005)	0.015** (0.007)	-0.001 (0.004)	-0.008 (0.006)	0.014* (0.008)	-0.001 (0.003)
养殖规模	0.000*** (0.000)	0.001*** (0.000)	0.001*** (0.000)	0.000*** (0.000)	-0.000 (0.000)	0.000 (0.000)
养殖年限	-0.021** (0.011)	0.018*** (0.007)	0.006 (0.008)	-0.024** (0.011)	-0.001 (0.008)	-0.015** (0.007)
技术培训	0.237** (0.134)	0.141* (0.073)	0.268 (0.094)	0.364*** (0.121)	0.132 (0.102)	0.056 (0.085)
风险感知	0.058 (0.056)	0.019 (0.040)	-0.005 (0.048)	0.083 (0.058)	0.053 (0.048)	0.120*** (0.043)
鄂中	-0.693*** (0.165)	0.306** (0.123)	-0.256 (0.156)	-0.621*** (0.169)	0.162 (0.143)	-0.526*** (0.149)
鄂西	0.089 (0.134)	-0.062 (0.109)	-0.336*** (0.102)	-0.145 (0.139)	-0.117 (0.126)	-0.127 (0.092)
工具变量						
村庄废弃物处理设施	0.516*** (0.099)	—	—	—	—	—
五年前清洁处理情况	—	—	—	1.304*** (0.153)	—	—
常数项	-1.412*** (0.495)	-0.065 (0.364)	-0.764* (0.686)	-1.415*** (0.513)	2.165*** (0.433)	2.337*** (0.408)
样本量	711	366	345	711	366	345
$\ln\sigma_{T\varepsilon}$	—	—	-0.179*** (0.058)	—	—	-0.373*** (0.048)

续表

变量名称	家庭人均年收入			幸福感		
	选择模型	低清洁行为规模养殖户	高清洁行为规模养殖户	选择模型	低清洁行为规模养殖户	高清洁行为规模养殖户
$\rho_{T\varepsilon}$	—	—	1.327*** (0.177)	—	—	0.520*** (0.145)
$\ln\sigma_{O\varepsilon}$	—	-0.327*** (0.037)	—	—	-0.135*** (0.048)	—
$\rho_{O\varepsilon}$	—	0.003 (0.262)	—	—	-0.326 (0.216)	—
Wald chi^2		125.720			49.840	
Prob > chi^2		0.000			0.000	
Log likelihood		-1119.060			-1162.555	
LR test		17.390***			13.070***	

注：*、**、*** 分别表示 10%、5%、1% 的显著水平。括号内为稳健标准误。其中，第 2~3 列的结果是将家庭人均年收入取对数所得。

表 7-3 中，$\rho_{O\varepsilon}$、$\rho_{T\varepsilon}$分别为规模养殖户清洁行为选择模型与低、高清洁行为规模养殖户家庭人均年收入或幸福感模型误差项的相关系数。任何一个相关系数显著异于零，表明存在自选择偏误的内生性问题（Lokshin and Sajaia，2004）。可见，规模养殖户清洁行为选择与家庭人均年收入模型联立估计结果中，$\rho_{T\varepsilon}$在 1% 的统计水平上显著，说明规模养殖户的高、低清洁行为选择并非随机的，而是依据两种选择效用的大小做出的“自选择”。$\rho_{T\varepsilon}$为正，表明高清洁行为规模养殖户的家庭人均年收入高于样本中一般规模养殖户的家庭人均年收入（Huang et al.，2015；杨志海，2019）。规模养殖户清洁行为选择与幸福感模型联立估计结果中，$\rho_{T\varepsilon}$在 1% 的水平上显著为正，表明样本存在自选择偏误问题，且高清洁行为规模养殖户的幸福感高于样本中一般规模养殖户的幸福感水平。

1. 规模养殖户清洁行为选择与家庭人均年收入模型联立估计结果分析

（1）规模养殖户清洁行为选择估计结果分析。表 7-3 第 2 列中，关键自变量环境规制、社会规范分别在 1%、5% 的水平上显著且均为正，表明环境规制、社会规范对规模养殖户清洁处理行为选择均有显著的促进作用。这可能是因为，随着环境规制强度的加大，规模养殖户低清洁处理行为的成本越高，所以，为了弥补高强度环境规制的成本效应损失，获得更高的收益，规模养殖户选择高清洁处理方式的概率可能越大。支持性社会规范强度越大，规模养殖户对粪污高清洁处理的认知越高，对粪污低清洁处理的危害越敏感，因此越有可能选择高清洁处理模式。

其他自变量中，养殖规模、技术培训的系数分别在1%、5%的水平上显著为正，说明养殖规模越大，规模养殖户选择高清洁处理方式的概率越大；参加技术培训的规模养殖户越有可能选择高清洁处理方式。可能的解释是，养殖规模越大，粪污资源产量越多，规模养殖户越有可能利用粪污资源优势，选择高清洁处理方式。参加过技术培训的规模养殖户对粪污低清洁处理的环境危害认知更深刻，进而更有可能选择高清洁处理方式。此外，养殖年限在5%的水平上显著为负，说明养殖年限越高，规模养殖户越有可能选择粪污低清洁处理方式，这可能与养殖年限越高规模养殖户受传统低清洁处理模式经验的影响越大有关。地区因素中，鄂中在1%的水平上显著为负，说明与鄂东地区相比，鄂中地区的规模户更有可能选择粪污低清洁处理方式。这可能与鄂中地区的规模养殖户受地形、经济发展水平等因素的影响，对高清洁处理方式相关信息的获取不完善、不及时有关。

为检验工具变量的有效性，在纳入关键自变量和其他变量的条件下，本章分别将清洁处理行为选择和家庭人均年收入对村庄废弃物处理设施进行回归，结果表明村庄废弃物处理设施对规模养殖户清洁处理行为选择有显著的正向影响，但并不影响其家庭人均年收入水平。此外，皮尔森相关系数检验也显示，村庄废弃物处理设施与规模养殖户清洁处理行为选择之间具有显著的正相关关系，但与家庭人均年收入无统计显著相关关系。鉴于此，该工具变量是有效的。表7-3第2列的估计结果也表明，村庄废弃物处理设施在1%的水平上显著为正，说明村庄废弃物处理设施的存在有利于规模养殖户选择粪污高清洁处理方式。

（2）规模养殖户家庭人均年收入模型估计结果分析。综合表7-3第3~第4列的结果可知，关键自变量环境规制、社会规范对高、低清洁行为规模户家庭人均年收入的影响均不显著。这表明，尽管环境规制、社会规范对规模养殖户高、低清洁行为选择有影响，但这种影响不足以形成收入效应。

其他自变量中，土地经营规模、养殖年限、技术培训仅对低清洁行为规模养殖户的家庭人均年收入有显著的正向影响，对高清洁行为规模户的家庭人均年收入的影响均不显著。这可能是因为，土地经营规模越大，对粪污消纳能力也越大，越有利于低清洁行为规模养殖户通过直接还田方式减少对土地经营的肥料支出，从而有利于提高家庭收益。养殖年限越高的规模养殖户，传统低清洁处理的经验越丰富，受丰富经验的影响，其家庭收益提高的可能性越大。技术培训一般能为低清洁行为规模养殖户提供更丰富的行为技巧和经验，进而有利于提高其家庭人均年收入。此外，年龄显著正向影响高清洁行为规模户的家庭人均年收入，但对低清洁行为规模养殖户的家庭人均年收入的影响不显著，表明相较于低清洁行为规模养殖户，高清洁行为规模养殖户受年龄的影响更大。

健康状况、养殖规模对低、高清洁行为规模户的家庭人均年收入均有显著的促进作用，这可能是因为，健康状况越好的规模养殖户处理粪污的体力越好，相应地获得高收入的可能性越大；养殖规模越大，规模养殖户处理粪污的规模效应越大，获得较高收入的可能性也越大。受教育水平显著正向影响高清洁行为规模养殖户的家庭人均年收入，但显著负向影响低清洁行为规模养殖户的家庭人均年收入。这可能是因为，受教育水平越高的规模养殖户对高清洁处理的相关知识掌握的更多，对高清洁处理相关技巧的学习更快，更有可能通过高清洁处理行为获得较高的家庭经济水平。相反，受教育水平越高，低清洁行为规模养殖户获得的高清洁行为知识并不能帮助其有效地对粪污进行低清洁处理，不能为其带来收入效应。

地区因素中，鄂中地区仅显著正向影响低清洁行为规模养殖户的家庭人均年收入，而鄂西地区仅显著负向影响高清洁行为规模养殖户的家庭人均年收入。这可能是因为，与鄂东地区相比，鄂中和鄂西地区受地形、经济发展水平等因素的影响，两地低清洁处理的经验更多，历史更长，所以，受传统经验和技巧的影响，鄂中地区低清洁处理行为能显著提高规模养殖户的家庭收入，鄂西地区的规模养殖户受相关信息缺失和技巧不完善等因素的限制，对粪污高清洁处理的支出可能更大，所以负向影响其家庭经济水平。

2. 规模养殖户清洁行为选择与幸福感模型联立估计结果分析

（1）规模养殖户清洁处理行为选择估计结果分析。表7－3第5列的选择方程中，关键自变量环境规制、社会规范分别在1%、5%的统计水平上显著为正，说明环境规制、社会规范对规模户清洁处理行为选择均有积极的促进作用。这一结果与第2列中的结果一致。

其他自变量中，养殖规模、技术培训均在1%的水平上显著为正，说明养殖规模、技术培训均显著正向影响规模养殖户高清洁处理行为。这可能是因为，养殖规模越大，粪污产量越多，为利用粪污资源优势，规模养殖户选择高清洁处理的概率越大；参加技术培训的规模养殖户越能认识到粪污对环境和人体健康造成的危害，进而对高清洁处理选择的概率越大。养殖年限在5%的水平上显著为负，说明养殖年限越高，规模养殖户选择高清洁处理行为的可能性越小，造成这个结果的原因可能是受传统粪污低清洁处理经验的影响。地区因素中，鄂中在1%的水平上显著为负，说明与鄂东地区相比，鄂中地区的规模养殖户更有可能选择低清洁处理方式，造成这一结果的原因可能是受相关信息、技术等获取较难，经济发展水平相对较低等因素的影响。

为检验工具变量的有效性，在纳入关键自变量和其他变量的条件下，本章分别将清洁处理行为选择和幸福感对五年前清洁处理情况进行回归，结果表明五年前清洁处理情况显著正向影响规模养殖户清洁处理行为选择，但并不影响其幸福感。此外，皮尔森相关系数检验也显示，5年前清洁处理情况与规模养殖户清洁处理行为选择之间具有显著正相关关系，但与幸福感无统计显著相关关系。鉴于此，该工具变量是有效的。第5列的估计结果也表明，5年前清洁处理情况在1%的水平上显著为正，可能是因为，5年前具有高清洁行为的规模养殖户拥有较为丰富的高清洁处理经验，受这些经验的影响，这类规模养殖户现在选择高清洁处理方式的概率可能越大。

（2）规模养殖户幸福感模型估计结果分析。综合第6~7列的估计结果发现，关键自变量中，环境规制对高清洁行为规模养殖户的幸福感有显著的促进作用，但并不显著影响低清洁行为规模养殖户的幸福感。这可能是因为，环境规制强度越大，拥有高清洁行为规模养殖户的相关行为与相关政策法规等的要求一致，其行为合规合法，进而受到相关政策法规的支持也越大，因此，此类规模养殖户从高清洁处理行为中获得的幸福感可能越强。社会规范均显著正向影响低、高清洁行为规模养殖户的幸福感，说明社会规范强度越大，低、高清洁处理规模养殖户可能拥有更高水平的幸福感。这可能是由于社会规范强度越大，低、高清洁行为规模养殖户更容易获得相关社会支持，且获得的社会认可等软资源的概率越大，进而其幸福水平可能越高。系数大小的比较结果显示，与环境规制相比，社会规范对规模养殖户清洁生产行为幸福感效应的影响更大。这可能是因为，与政府、法律法规相关的具有强制性和严苛性特点的环境规制相比，他人言行支持以及自我道德感和责任感对于规模养殖户来说更为亲和、亲近和熟悉，所以，社会规范对规模养殖户清洁生产行为幸福感效应的影响可能越大。

其他自变量中，健康状况均显著正向影响低、高清洁行为规模养殖户的幸福感，可能是因为，健康状况越好的规模养殖户，其参与粪污清洁生产的体力越好，精力越充沛，进而从中获取的相应效益可能也越高，最终，这类规模养殖户的幸福感水平可能越高。估计结果还表明，土地经营规模仅对低清洁行为规模养殖户的幸福感有显著的正向影响，这可能是因为，土地经营规模越大，粪污处理的耕地面积越大，对粪污低清洁处理的规模养殖户来说越有利，所以此类规模养殖户的幸福感水平可能越大。养殖年限仅显著负向影响高清洁行为规模养殖户的幸福感，而对低清洁行为规模养殖户幸福感的影响不显著，表明与低清洁行为规模养殖户相比，养殖年限对高清洁行为规模养殖户的幸福感影响更大。可能的原因是，养殖年限越短的规模养殖户受传统粪污处理经验的影响越小，因此，更容易选择高清洁处理行为，且从中获得的成就感和满足感可能越大，即其幸福感水平可能越大。风险感知显著正向影响高清洁行为规模养殖户的幸福感，而对低清洁行为规模养殖户的幸福感的影响并不显著，可能的原因是，高清洁行为规模养殖户对技术风险感知水平越高时，其越有可能从承担较大风险的高清洁行为中获得较强的成就感和满足感，所以此类规模养殖户高清洁行为的幸福感水平可能越高。

另外，估计结果表明，地区因素中，鄂中地区仅对高清洁行为规模养殖户的幸福感水平有显著的负向影响，这可能是因为，与鄂东地区相比，鄂中地区的地形相对不平坦，相关信息获取较不便利，经济发展水平相对较低，粪污高清洁处理的效果可能更差，综合一系列不利因素，所以高清洁行为规模养殖户的幸福感水可能较低。

7.3.3 规模养殖户清洁行为的家庭人均年收入和幸福感的处理效应

1. 处理效应分析

基于“7.2.2 模型选择”中式（7 –9）、式（7 –10），本章节进一步测算在考虑环境规制、社会规范和其他变量的前提下，规模养殖户粪污高、低清洁行为选择对家庭人均年收入和幸福感影响的处理效应。表 7 –4 汇报了估计结果。表 7 –4 中，（a)(e）均与“7.2.2 模型选择”中式（7 –5）相对应，分别表示有效样本中规模养殖户实际选择高清洁行为时期望家庭人均年收入和期望幸福感水平，（b)(f）均与“7.2.2 模型选择”中式（7 –6）相对应，分别表示有效样本中规模养殖户实际选择低清洁行为时期望家庭人均年收入和期望幸福感水平。（c)(g）均与“7.2.2 模型选择”中式（7 –7）相对应，分别表示反事实条件下，实际选择高清洁行为规模养殖户若选择低清洁行为时的期望家庭人均年收入和期望幸福感水平。(d)(h）均与“7.2.2 模型选择”中式（7 –8）相对应，分别表示反事实条件下，实际选择低清洁行为规模养殖户若选择高清洁行为时的期望家庭人均年收入以及期望幸福感水平。

表 7－4　　粪污清洁处理行为的家庭人均年收入和幸福感的平均处理效应

家庭经济与幸福感	规模养殖户类别	高清洁行为	低清洁行为	ATT	ATU
家庭人均年收入（万元/人/年）	高清洁行为规模养殖户	（a）6.648	（c）4.113	2.535***	—
	低清洁行为规模养殖户	（d）2.927	（b）1.688	—	1.239***
幸福感	高清洁行为规模养殖户	（e）36.998	（g）21.829	15.169***	—
	低清洁行为规模养殖户	（h）24.602	（f）17.154	—	7.448***

注：*** 表示1%的显著水平；ATT、ATU 分别表示畜禽粪污高、低清洁处理规模养殖户对应的平均处理效应。

总体而言，规模养殖户高清洁行为对家庭人均年收入、幸福感的处理效应均在1%的水平上显著为正。处理组的平均处理效应（average treatment effect for the treated，ATT）估计结果表明，对于实际选择高清洁行为的规模养殖而言，若选择低清洁行为，其家庭人均年收入将由6.648万元/人/年下降至4.113万元/人/年，减少2.535万元/人/年，下降了38.13%，其幸福感水平将由36.998下降至21.819，下降15.169个层次，下降了41.00%。对照组的平均处理效应（average treatment effect for the untreated，ATU）估计结果表明，实际选择低清洁行为的规模养殖户若选择高清洁行为，其家庭人均年收入将由1.688万元/人/年增加至2.927万元/人/年，增加1.239万元/人/年，即增加了73.40%，其幸福感水平将由17.154增加至24.602，提高7.448个层次，即提高了43.42%。综合可知，规模养殖户粪污高清洁处理行为不仅有助于显著提高家庭人均年收入经济水平，还有助于增强其幸福感。

2. 稳健性检验

本章还进一步检验了上述结果的稳健性。具体而言，运用PSM和IPWRA法，在考虑环境规制、社会规范关键自变量并控制其他自变量的条件下，估计粪污高、低清洁处理行为对家庭人均年收入、幸福感的影响。表7－5汇报了估计结果。由表7－5中可以发现，倾向得分匹配法（propensity score matching method，PSM）和具有回归调整的逆概率加权法（inverse probability weighted regression adjustment，IPWRA）估计结果均显示，高清洁处理规模养殖户的家庭人均年收入、幸福感水平均高于低清洁处理规模养殖户的家庭人均年收入、幸福感水平。这一发现与内生转换模型处理效应的估计结果基本一致。由此可知，上一小节所得到的研究结论具有稳健性，即粪污高清洁处理有助于提高规模养殖户的家庭人均年收入水平，有助于增强规模养殖户的个人幸福感。

表7-5　倾向得分匹配和 IPWRA 法估计结果

家庭经济与幸福感	估计方法	高清洁行为规模养殖户	低清洁行为规模养殖户	ATT
家庭人均年收入（万元/人/年）	PSM 半径匹配法	6.972	4.335	2.637***
	IPWRA 法	7.548	4.681	2.867***
幸福感	PSM 半径匹配法	3.536	3.319	0.217**
	IPWRA 法	3.568	3.395	0.173**

注：**、*** 分别表示5%、1%的显著水平；ATT 为粪污高清洁处理规模养殖户的平均处理效应。

7.4 规模养殖户清洁行为家庭经济效应和幸福感效应组间差异分析

上一小节主要分析了环境规制、社会规范对规模养殖户高、低清洁行为家庭人均年收入和幸福感效应的影响，并进一步剖析了在考虑环境规制、社会规范和其他自变量的条件下，规模养殖户粪污清洁处理行为的家庭人均年收入效应和幸福感效应。结果表明，环境规制、社会规范并不显著影响规模养殖户粪污清洁处理行为的家庭人均年收入水平，但均显著提高规模养殖户粪污清洁处理行为的幸福感效应；在考虑环境规制、社会规范以及控制其他自变量的条件下，高、低清洁行为规模养殖户的家庭人均年收入水平和幸福感效应存在显著差异。

为了解环境规制强度、社会规范强度不同时，规模养殖户高、低清洁处理行为的家庭经济效应和幸福感效应的差异，本章节将根据环境规制、社会规范强度的不同对规模养殖户进行分组。具体而言，根据 PCA 方法得到的环境规制、社会规范变量的特点，借鉴曾亿武等（2018）的研究，以环境规制的均值为标准线，将规模养殖户分为强环境规制组（大于等于均值0）、弱环境规制组（小于均值0）；以社会规范的均值为标准线，将规模养殖户分为强社会规范组（大于等于均值0）、弱社会规范组（小于均值0）。再次运用内生转换模型，比较组间规模养殖户清洁行为的家庭人均年收入水平和幸福感水平的差异。

7.4.1　环境规制强度不同清洁行为家庭经济效应和幸福感效应差异

表7－6报告了强、弱环境规制组规模养殖户粪污清洁处理行为的家庭人均年收入水平和幸福感水平估计结果。

从家庭经济效应层面来看，ATT估计结果表明，强环境规制组高清洁行为规模养殖户若选择低清洁行为，家庭人均年收入将下降37.28%；弱环境规制组高清洁行为规模养殖户若选择低清洁行为，家庭人均年收入将下降40.70%，表明环境规制强度越小，高清洁行为规模养殖户的家庭人均年收入水平越高。可能的原因是，环境规制强度的高低反映了规模养殖户高清洁行为受约束情况。环境规制强度较低时，政策法律等对规模养殖户高清洁行为的约束较低，这也意味着规模养殖户高清洁行为倾向于追求利润最大化，而非以符合政策法律等的要求为重点，所以，其家庭人均年收入水平可能更高。ATU估计结果显示，强环境规制组低清洁行为规模养殖户若选择高清洁行为，家庭人均年收入将增加1.34倍；弱环境规制组低清洁行为规模养殖户若选择高清洁行为，家庭人均年收入将增加31.70%，说明环境规制强度越大，低清洁行为规模养殖户若选择高清洁行为，家庭人均年收入的增长幅度更大。这可能是因为，环境规制强度越大，低清洁行为规模养殖户受政策法规等的约束越大，若选择高清洁行为，则其受政策法规等约束也越小，家庭人均年收入水平可能更高。

从幸福感效应层面来看，ATT估计结果表明，强环境规制组高清洁行为规模养殖户若选择低清洁行为，幸福感水平将下降30.35%；弱环境规制组高清洁行为规模养殖户若选择低清洁行为，幸福感水平将下降49.38%，说明环境规制强度越低，规模养殖户高清洁行为的幸福感效应越大。这可能是因为，环境规制强度越小，规模养殖户高清洁行为受到的约束越小，所以其幸福感越高的可能性越大。ATU估计结果显示，强环境规制组低清洁行为规模养殖户若选择高清洁行为，幸福感水平将提高41.81%；弱环境规制组低清洁行为规模养殖户若选择高清洁行为，幸福感水平将提高28.51%，说明环境规制强度越大，低清洁行为规模养殖户若选择高清洁行为，其幸福感水平越高。这可能是因为，环境规制强度越大，规模养殖户低清洁行为受政策等约束越大，若选择高清洁行为，则其受政策法规等约束相应越小，因此幸福感水平提高的概率可能越大。

表7-6　不同环境规制组规模养殖户粪污清洁行为的家庭经济效应和幸福感效应差异

类型	家庭经济与幸福感	规模养殖户类别	高清洁行为	低清洁行为	ATT	ATU
强环境规制组	家庭人均年收入（万元/人/年）	高清洁行为规模养殖户	6.503	4.072	2.431***	—
		低清洁行为规模养殖户	3.389	1.451	—	1.938***
弱环境规制组	家庭人均年收入（万元/人/年）	高清洁行为规模养殖户	7.533	4.467	3.066***	—
		低清洁行为规模养殖户	2.896	2.199	—	0.697***
强环境规制组	幸福感	高清洁行为规模养殖户	39.715	27.662	12.053***	—
		低清洁行为规模养殖户	29.085	20.510	—	8.575***
弱环境规制组	幸福感	高清洁行为规模养殖户	31.509	15.951	15.558***	—
		低清洁行为规模养殖户	22.385	17.419	—	4.966***

注：***表示1%的显著水平；ATT、ATU分别表示粪污处理高、低清洁行为规模养殖户对应的平均处理效应。

综上可知，高、低清洁行为规模养殖户的家庭经济效应和幸福感效应均具有显著的异质性，随着环境规制强度的不同而不同。具体而言，环境规制强度越小，高清洁行为规模养殖户的家庭人均年收入水平越高；环境规制强度越大，低清洁行为规模养殖户若选择高清洁行为，家庭人均年收入的增长幅度更大；环境规制强度越低，规模养殖户高清洁行为的幸福感效应越大；环境规制强度越大，低清洁行为规模养殖户若选择高清洁行为，其幸福感水平越高。

7.4.2　社会规范强度不同清洁行为家庭经济效应和幸福感效应差异

表7－7报告了强、弱社会规范组规模养殖户粪污清洁处理行为的家庭人均年收入水平和幸福感水平估计结果。

从家庭经济效应层面，ATT估计结果表明，强社会规范组高清洁行为规模养殖户若选择低清洁行为，家庭人均年收入将下降12.21%；弱社会规范组高清洁行为规模养殖户若选择低清洁行为，家庭人均年收入将下降42.71%，说明社会规范强度越小，规模养殖户高清洁行为的家庭经济效应越大。可能的解释是，弱社会规范组高清洁行为规模养殖户在追求利润最大化时，受他人言行、个人道德及责任感的影响较小，其养殖生产的灵活性更大，因此家庭人均年收入水平可能更高。ATU估计结果显示，强社会规范组低清洁行为规模养殖户若选择高清洁行为，家庭人均年收入将增加36.04%，弱社会规范组低清洁行为规模养殖户若选择高清洁行为，家庭人均年收入将增加52.67%，说明与强社会规范组低清洁行为规模养殖户相比，弱社会规范组低清洁行为规模养殖户若选择高清洁行为，其家庭人均年收入水平可能更高。这可能是因为，社会规范强度越小，低清洁行为规模养殖户若选择高清洁行为，其在追求最大效用过程中，受他人言行的约束越小，且来自个人道德和责任感的压力越小，生猪养殖的灵活度更大，进而其家庭人均年收入水平可能更高。

从幸福感效应层面来看，ATT估计结果表明，强社会规范组高清洁行为规模养殖户若选择低清洁行为，幸福感水平将下降25.48%；弱社会规范组高清洁行为规模养殖户若选择低清洁行为，幸福感水平将下降54.26%，说明社会规范强度越小，规模养殖户高清洁行为的幸福感效应越大。这可能是因为社会规范强度越小，规模养殖户高清洁行为受到的约束越小，进而其幸福感水平高的概率越大。ATU估计结果显示，强社会规范组低清洁行为规模养殖户若选择高清洁行为，幸福感水平将提高29.86%；弱社会规范组低清洁行为规模养殖户若选择高清洁行为，幸福感水平将提高22.39%，说明社会规范强度越大，低清洁行为规模养殖户若选择高清洁行为，其幸福感水平提高的概率更大。这可能是因为，社会规范越强，规模养殖户低清洁行为受他人言行、个人道德和责任感等约束越大，若选择高清洁行为，类似的约束相应较小，进而其幸福感水平提高的可能性越大。

表7-7　不同社会规范组规模养殖户粪污清洁行为的家庭人均年收入和幸福感效应差异

类型	家庭经济与幸福感	规模养殖户类别	高清洁行为	低清洁行为	ATT	ATU
强社会规范组	家庭人均年收入（万元/人/年）	高清洁行为规模养殖户	7.158	6.284	0.874***	—
		低清洁行为规模养殖户	3.246	2.386	—	0.860***
弱社会规范组	家庭人均年收入（万元/人/年）	高清洁行为规模养殖户	5.153	2.952	2.201***	—
		低清洁行为规模养殖户	3.055	2.001	—	1.054***
强社会规范组	幸福感	高清洁行为规模养殖户	42.693	31.816	10.877***	—
		低清洁行为规模养殖户	33.964	26.155	—	7.809***
弱社会规范组	幸福感	高清洁行为规模养殖户	26.995	12.348	14.647***	—
		低清洁行为规模养殖户	18.519	15.131	—	3.388***

注：***表示1%的显著水平；ATT、ATU分别表示粪污处理高、低清洁行为规模养殖户对应的平均处理效应。

概括可知，高、低清洁行为规模户的家庭经济效应和幸福感效应均具有显著的异质性，随着社会规范强度的不同而不同。具体而言，社会规范强度越小，规模养殖户高清洁行为的家庭经济效应越大；弱社会规范组低清洁行为规模养殖户若选择高清洁行为，其家庭人均年收入水平可能更高；社会规范强度越小，规模养殖户高清洁行为的幸福感效应越大；社会规范强度越大，低清洁行为规模养殖户若选择高清洁行为，其幸福感水平提高的概率更大。

7.5　本章小结

基于理论分析，利用湖北省711份生猪规模养殖户微观调研数据，构建工具变量并采用内生转换模型，实证探讨了环境规制、社会规范对规模养殖户高、低清洁行为家庭经济效应和幸福感效应的影响，并在考虑环境规制、社会规范和其他变量的前提下，考察了规模养殖户高、低清洁处理行为家庭经济效应和幸福感效应的差异。另外，本章还分析了不同环境规制和社会规范的强度下，规模养殖户高、低清洁行为的家庭经济效应和幸福感效应的差异。主要结论包括以下几点：

一是超过一半（51.48%）规模养殖户具有低清洁行为，76.23%规模养殖户的家庭人均年收入在6万元及以下，规模养殖户的幸福感整体处于一般水平。随机优势分析表明，高清洁行为规模养殖户的家庭人均年收入和幸福感水平均高于低清洁行为规模养殖户。

二是环境规制、社会规范对规模养殖户清洁行为家庭经济效应的影响均不显著。环境规制仅显著正向影响高清洁行为规模养殖户的幸福感，社会规范显著正向影响高、低清洁行为规模养殖户的幸福感。规模养殖户清洁行为的家庭经济水平和幸福感水平还受健康状况、养殖年限等因素的影响。

三是考虑环境规制、社会规范以及其他因素的条件下，规模养殖户高清洁行为不仅显著提高家庭人均年收入水平，还有利于增强规模养殖户的幸福感。PSM半径匹配法和IPWRA法的估计结果与这一结果一致，表明所得结果具有稳健性。

四是组间差异结果表明，环境规制强度越小，规模养殖户高清洁行为的家庭人均年收入和幸福感效应均越大；环境规制强度越大，低清洁行为规模养殖户若选择高清洁行为，家庭人均年收入水平和幸福感水平均越高。社会规范强度越小，规模养殖户高清洁行为的家庭人均年收入和幸福感效应均越大；社会规范强度越小，低清洁行为规模养殖户若选择高清洁行为，其家庭人均年收入水平增长幅度更大，而社会规范强度越大，低清洁行为规模养殖户若选择高清洁行为，则其幸福感水平增长幅度更大。

研究结论、对策建议与未来展望

近年来，畜禽养殖产业结构不断调整，规模化、集约化已成为我国畜禽养殖产业的主流发展趋势。而畜禽养殖清洁生产则是助力养殖业规模化、集约化绿色转型的内在动力。在国家清洁生产政策日益趋紧以及社会公众环保意识显著增强的大背景下，环境规制、社会规范势必会成为规模养殖户畜禽养殖清洁生产的重要影响因素。鉴于此，本书基于环境规制、社会规范的视角，以湖北省生猪规模养殖户对粪污再利用等清洁生产技术的采用为研究主体，实证考察了环境规制、社会规范对规模养殖户清洁生产行为意愿、行为选择、行为强度以及行为的家庭经济效应和幸福感效应的影响，得到了一些有价值的研究结论。本章主要基于前文的分析，概括主要研究结论，并在此基础上，提出促进湖北省畜禽养殖清洁生产发展的对策建议。最后针对研究过程中的不足，对未来的研究提出几点展望。

8.1 研究结论

本书遵循背景介绍——理论分析——实证分析——结论概括与对策建议的行为逻辑，在综述国内外学者已有研究的基础上，运用外部性、农户行为理论等，详细分析了环境规制、社会规范对规模养殖户清洁生产行为过程影响的内在逻辑；利用课题组成员在湖北省九市区对生猪规模养殖户实地调查而获得的微观数据，采用多变量 Probit 模型、有序 Probit 模型、内生转换模型等多种计量模型方法，基于对环境规制、社会规范指标体系的科学构建，实证考察环境规制、社会规范的各个二级指标对规模养殖户清洁生产行为意愿和行为水平的影响，并实证探讨了环境规制、社会规范对规模养殖户清洁生产行为的家庭经济效应和幸福感效应的影响，比较了不同类型规模养殖户之间的影响差异。综合前文的研究结果，本书主要得到如下几个方面的研究结论。

8.1.1 规模养殖户清洁生产行为现状

通过对湖北省 711 份生猪规模养殖户的统计分析发现，目前，规模养殖户对清洁生产技术的了解程度较高；超过一半的受访规模户认为政府在清洁生产技术推广和技术培训方面的工作效果较好，但仍有近 1/3 的受访户未参加相关技术培训；相当一部分受访户对粪污资源化利用各个方面的作用有了充分的认识，且整体来看，受访规模户具有较高的清洁生产技术采用意愿。此外，针对粪污处理方式，受访规模户仍以还田、制沼气处理为主，对粪污进行制有机肥、制饲料、制培养基、出售等清洁处理的受访户占比极少，且受访规模养殖户粪污清洁处理的行为强度仍有待提高。总体来看，近年来湖北省畜禽养殖规模化、集约化发展迅速，但仍然存在政府相关政策和措施有待完善、规模养殖户对清洁生产的认知水平和实际参与水平有待提高以及畜禽规模养殖清洁生产的社会约束不足等问题。

8.1.2 规模养殖户感知环境规制、社会规范特征

本书依据科学的指标构建原则，从激励型环境规制、监督型环境规制两个层面构建了环境规制的指标体系，从社会责任规范、个人道德规范、公众认可规范、群体行为规范四个层面构建了社会规范的指标体系。整体

而言，规模养殖户感知的环境规制水平和社会规范水平均较高。其中，与感知激励型环境规制水平相比，监督型环境规制水平更高，与其他三类感知的社会规范二级指标水平相比，社会责任规范水平最高。比较分析发现，具有清洁生产技术采用意愿的规模养殖户感知的环境规制水平和社会规范水平均较高。对粪污处理方式不同的规模养殖户感知的环境规制水平和社会规范水平各异。规模养殖户的清洁行为强度越大，其感知的监督型环境规制水平以及社会规范水平均越高。

8.1.3 环境规制、社会规范对规模养殖户清洁生产行为意愿的影响

运用二元 Logistic 模型分析环境规制、社会规范对规模养殖户清洁生产行为意愿的影响发现：激励型环境规制、社会责任规范均显著正向影响规模养殖户对四类清洁生产技术的采用意愿，监督型环境规制仅显著正向影响规模养殖户粪污制饲料技术的采用意愿，个人道德规范显著正向影响规模养殖户对粪污制沼气技术、制有机肥技术、种养结合技术的采用意愿，公众认可规范显著正向影响规模养殖户对粪污制有机肥技术、制饲料技术、种养结合技术的采用意愿，群体行为规范仅显著正向影响规模养殖户对粪污制有机肥技术、制饲料技术的采用意愿。此外，性别、受教育水平、家庭年收入、健康状况、养殖年限、风险感知等也是影响规模养殖户清洁生产技术采用意愿的重要因素。

8.1.4 环境规制、社会规范对规模养殖户清洁生产行为水平的影响

运用多变量 Probit 模型考察环境规制、社会规范对规模养殖户清洁生产行为选择的影响发现：规模养殖户对不同粪污处理方式的行为选择之间具有相关关系；规模养殖户丢弃处理行为受环境规制各指标、社会责任规

范以及个人道德规范的负向影响；社会责任规范和公众认可规范的强度越大，规模养殖户直接还田的行为概率越大，而监督型和激励型环境规制的强度越大，规模养殖户制有机肥行为的概率越大；规模养殖户采用制沼气技术受激励型环境规制、群体行为规范的正向影响，而采用制饲料技术受公众认可规范的正向影响；社会责任规范可以显著促进规模养殖户采用制培养基技术，而受监督型环境规制和社会规范的各指标则有利于提高其出售卖钱的行为选择。

运用有序 Probit 模型分析环境规制、社会规范对规模养殖户清洁生产行为强度的影响发现，其清洁生产行为强度显著受监督型环境规制、激励型环境规制和群体行为规范的正向影响，且这一结果具有稳健性。异质性分析发现，监督型环境规制仅有利于提高低教育水平组的清洁行为强度，而个人道德规范仅有利于提高高风险组的清洁生产行为强度，群体行为规范仅有利于提高中大规模组的清洁生产行为强度，但激励型环境规制对小规模组清洁生产行为强度的影响更大。

控制变量的影响中，年龄、受教育水平、健康状况、家庭年收入、土地经营规模、养殖规模、风险感知、技术培训、了解程度等也对受访规模户清洁生产行为选择有影响；而受教育水平、健康状况、养殖规模、养殖年限、技术培训等对受访规模户清洁生产行为强度有影响。

8.1.5 环境规制、社会规范对规模养殖户清洁生产行为家庭经济效应和幸福感效应的影响

统计分析发现，具有低清洁行为的规模养殖户居多，规模养殖户的家庭人均年收入普遍在 6 万元及以下，且规模养殖户的主观幸福感整体水平一般。随机优势分析结果表明，高清洁行为规模养殖户的家庭经济水平和幸福感水平均高于低清洁行为规模养殖户。

内生转换模型估计结果显示，环境规制、社会规范仅显著影响规模养殖户清洁处理行为的幸福感水平，对其家庭经济水平的影响均不显著。规模养殖户的高清洁行为有助于提高家庭人均年收入水平，还有助于增强规

模养殖户的个人幸福感。分组估计结果表明，环境规制强度越小，高清洁行为规模养殖户的家庭经济效应和幸福感效应均越大；社会规范强度越大，高清洁行为规模养殖户的家庭经济效应和幸福感效应均越小；低清洁行为规模养殖户若选择高清洁行为，则环境规制强度越大，家庭经济效应和幸福感效应均有所提升，而社会规范强度越小，家庭经济效应有所提升，但幸福感水平增幅较小。此外，规模养殖户清洁生产行为的家庭经济效应和幸福感效应还受年龄、受教育水平、健康状况、土地经营规模、养殖年限、技术培训、风险感知等因素的影响。

8.2 对策建议

8.2.1 做好政府宣传工作，完善技术推广机制

一是做好政府宣传工作，提高规模养殖户清洁生产认知。统计分析表明，少数规模养殖户对清洁生产技术的了解程度不高；实证分析证实，清洁生产技术了解程度显著影响规模养殖户的清洁生产行为意愿。规模养殖户清洁生产认知是其相关行为发生的前提。因此，就政府层面而言，政府应该认真做好宣传工作。具体而言，政府应充分把握有区别的清洁生产宣传导向，依据不同特征规模养殖户的不同认知能力和对不同信息的差异化需求，制订各样的信息、技术等宣传方案；还应建设一批专业水平高的宣传队伍，充分利用线上和线下宣传渠道，加大对各个生产阶段的相关清洁生产技术的宣传力度，从而提高规模养殖户对相关清洁生产技术的认知水平。

二是完善技术推广机制，增强规模养殖户清洁生产能力。统计分析表明，部分规模养殖户未参加相关技术培训；实证分析证实，技术培训显著影响规模养殖户清洁生产行为选择以及行为的家庭经济效应和幸福感效应。技术培训是提高规模养殖户相关清洁生产能力的手段。因此，就政府层面而言，政府应尽快完善技术推广机制。具体而言，政府应与相关技术研发企业合作，加大对技术推广工作的资金支持，开展多样式的技术培训

活动；还应建设一批专业素质高的技术推广员，精准技术培训对象，提高对不同特征规模养殖户的差异化技术培训力度，在满足规模养殖户对各个生产阶段相关技术需求的条件下，着力提高规模养殖户的清洁生产能力。

8.2.2　丰富环境规制政策，优化激励与监督措施

一是丰富环境规制政策，规范规模养殖户清洁生产行为。实证分析表明，环境规制有利于提高规模养殖户清洁生产行为意愿、行为水平以及行为的幸福感效应。环境规制是规范规模养殖户清洁生产行为的重要手段。因此，政府应不断丰富环境规制政策。具体而言，政府应根据各地清洁生产发展水平，制定合理的、完备的激励与监督相容的环境规制政策，充分发挥激励型、监督型环境规制政策在提高规模养殖户资源配置效率中的作用；还应以提高规模养殖户幸福感水平为导向，通过有效的激励和监督政策，提高其清洁生产行为的幸福感效应，从而加快相关技术在规模养殖户中的普及。

二是优化环境规制措施，引导规模养殖户清洁生产行为。实证分析表明，环境规制对不同特征规模养殖户清洁生产行为意愿和行为水平的影响各异，且环境规制强度不同，规模养殖户清洁生产行为的家庭经济效应和幸福感效应有差。因此，政府应不断优化环境规制措施。具体而言，政府应根据不同特征规模养殖户各异的畜禽养殖情况，实施差异化的环境规制措施，细化清洁生产奖励标准以及非清洁生产的惩罚标准；还应建设公平的政策约束环境，注重实施精神奖励和物质奖励相结合，精神惩罚和物质惩罚相补充，长期规制和短期规制相协调，激励与监督并举的环境规制措施。

8.2.3　培育支持性社会规范，鼓励养殖户交流互鉴

一是培育支持性社会规范，搭建群体监督平台。规模养殖户相关行为发生于基于地缘、人缘、血缘而形成的“半熟人社会”，其相关行为的发

生不可剥离他人而存在。实证分析表明，群体行为规范、公众认可规范均显著影响规模养殖户清洁生产行为意愿、行为水平和行为的幸福感效应。因此，不可忽视群体行为规范、公众认可规范在引导规模养殖户清洁生产行为中的作用。就政府层面而言，政府应为社会舆论监督提供条件和平台，还应鼓励社会个体尤其是地位高、有声望的个体，主动行使环保监督权，切实建立群体行为规范和公众认可规范的长效机制，推动他人对规模养殖户清洁生产约束朝良性方向发展。

二是营造良好的社会氛围，鼓励规模养殖户交流互鉴。营造良好的社会氛围，是清洁生产相关政策措施实施的重要补充。就政府层面而言，政府应加大农村社区通信等基础设施建设，为规模养殖户利用手机、电话等手段与他人交流相关生产经验提供条件，还应利用农村独特的文化资源，促进社会文化对规模养殖户清洁生产行为的引导；应组织多样化的社区活动，如定期在公告栏宣传清洁生产技术成功的实践经验，为规模养殖户相互学习提供平台；还应充分发挥农村地区精英人的言语影响力和清洁生产行为示范效应，提高大众对清洁生产的认可和支持力度，从而促进规模养殖户参与畜禽养殖清洁生产。

8.2.4 强化公众环保意识，完善自我监督机制

一是强化公众环保意识，提高规模养殖户社会责任感。实证分析表明，社会责任规范显著影响规模养殖户清洁生产行为意愿和行为水平。因此，不可忽视社会责任在约束规模养殖户清洁生产行为中的作用。就政府层面而言，政府应借助媒体、讲座等形式，普及清洁生产的现实意义，倡导规模养殖户应承担相应的社会责任；应积极开展社会责任培育活动，强化规模养殖户环境保护的社会责任意识；还应大力表彰社会责任感强的清洁生产示范户，为规模养殖户践行社会责任意识提供良好的社会环境。

二是加大公众环保教育，增强规模养殖户环保的个人道德感。实证分析表明，个人道德规范显著影响规模养殖户清洁生产行为意愿和行为水平。提高规模养殖户清洁生产行为水平的根本途径是增强其个人道德规

范。就政府层面而言，政府应在构建生态安全环境的同时，加大对“环境保护，人人有责”为主要内容的价值观的宣传力度；应公开表彰个人道德感较强的规模养殖户；还应加强对规模养殖户的道德意识培养，提高其清洁生产整体素质和个人道德意识，从而为规模养殖户个人道德规范对自身清洁生产行为约束的实现奠定基础。

8.3　研究不足与展望

值得一提的是，本书仍然存在一定的不足之处。研究不足及相应的研究展望如下所示。

一是受限于调研数据，本书用规模养殖户感知的环境规制、社会规范表征题项构建了“环境规制”“社会规范”的细分指标，从而使研究内容的客观性不高。因此，未来的研究在设计问卷时，尽量设计客观的环境规制、社会规范的表征题项，如“被罚款了多少元?”等，以增强相关研究内容的客观性。

二是受限于调研数据，实证分析环境规制、社会规范对规模养殖户清洁生产行为的影响时，仅关注粪污再利用类清洁生产技术，而未考虑源头减量类和过程防控类清洁生产技术。因此，未来研究可以系统考察环境规制、社会规范对规模养殖户畜禽养殖各个阶段清洁生产技术行为的影响，提高研究内容的系统性和全面性；并且基于此研究结论提出的对策建议将更加完善，内容更加全面，对推动畜禽养殖清洁生产的进一步发展具有更高的指导和借鉴意义。

三是本书只利用湖北省一年的截面数据进行研究，而未对湖北省各年各县不同牲畜规模养殖户的面板数据进行分析，未能考察环境规制、社会规范对各县不同牲畜规模养殖户清洁生产的影响是否会随着时间的推移而变化。因此，在数据可得性的前提下，未来的研究可利用多年的湖北省县或村级层面的不同牲畜规模养殖户数据，实证分析环境规制、社会规范对不同地区不同年份的不同牲畜规模养殖户的影响是否存在差异。

参考文献

[1] 埃里克森．苏力译．无需法律的秩序：邻里如何解决纠纷 [M]．北京：中国政法大学出版社，2003：153－154，179.

[2] 宾幕容，文孔亮，周发明．湖区农户畜禽养殖废弃物资源化利用意愿和行为分析——以洞庭湖生态经济区为例 [J]．经济地理，2017，37 (9)：185－191.

[3] 宾幕容，文孔亮，周发明．农户畜禽废弃物利用技术采纳意愿及其影响因素——基于湖南 462 个农户的调研 [J]．湖南农业大学学报（社会科学版），2017，18 (4)：37－43.

[4] 宾幕容，周发明．农户畜禽养殖污染治理的投入意愿及其影响因素——基于湖南省 388 家养殖户的调查 [J]．湖南农业大学学报（社会科学版），2015，16 (3)：87－92.

[5] 薄文广，徐玮，王军锋．地方政府竞争与环境规制异质性：逐底竞争还是逐顶竞争？[J]．中国软科学，2018 (11)：76－93.

[6] 蔡启华．社会信任、关系网络与农户参与小型农田水利设施供给研究 [D]．陕西：西北农林科技大学，2017.

[7] 曹晓，刘学擎，翟付群．畜禽养殖业的清洁生产与污染防治思路探讨 [J]．节能与环保，2020 (6)：34－35.

[8] 车宗贤，于安芬，李瑞琴，等．石羊河流域绿色农业循环模式研究 [J]．中国农业资源与区划，2011，32 (2)：34－37.

[9] 陈菲菲，张崇尚，王艺诺，等．规模化生猪养殖粪便处理与成本收益分析 [J]．中国环境科学，2017，37 (9)：3455－3463.

[10] 陈光潮，邵红梅．波特－劳勒综合激励模型及其改进 [J]．学术

研究, 2004 (12): 41 -46.

[11] 陈强. 高级计量经济学及Stata应用 (第二版) [M]. 北京: 高等教育出版社, 2010.

[12] 陈泉生. 论环境的定义 [J]. 法学杂志, 2001 (2): 19 -20.

[13] 陈喜庆, 孙健. 正负激励方式反向运用: 一种新的激励思路 [J]. 中国农业大学学报 (社会科学版), 2006 (4): 52 -56.

[14] 陈英和, 白柳, 李龙凤. 道德情绪的特点、发展及其对行为的影响 [J]. 心理与行为研究, 2015 (5): 627 -636.

[15] 程都, 李钢. 环境规制强度测算的现状及趋势 [J]. 经济与管理研究, 2017, 38 (8): 75 -85.

[16] 程发新, 孙雅婷. 环境规制对低碳制造实践影响的实证研究——以水泥企业为例 [J]. 华东经济管理, 2018, 32 (3): 167 -175.

[17] 崔秀丽. 畜禽养殖业污染原因与防控对策探讨 [J]. 农业资源与环境学报, 2007, 24 (3): 83 -86.

[18] 达维多夫 AA. 刘申译. 关于"社会"概念的定义问题 [J]. 国外社会科学, 2005 (1): 39 -41.

[19] 戴昕. 重新发现社会规范: 中国网络法的经济社会学视角 [J]. 学术月刊, 2019, 51 (2): 109 -123.

[20] 邓良伟. 规模化畜禽养殖废水处理技术现状探析 [J]. 中国生态农业学报, 2006, 14 (2): 29 -32.

[21] 刁心薇, 曾珍香. 环境规制对我国能源效率影响的研究——基于省际数据的实证分析 [J]. 技术经济与管理研究, 2020 (3): 92 -97.

[22] 董金朋, 张园园, 孙世民. 中国畜禽养殖业清洁生产的实践探索 [J]. 中国畜牧杂志, 2018, 54 (10): 130 -133.

[23] 范友平. 畜禽养殖废弃物的再利用 [J]. 畜禽业, 2018, 29 (6): 38 -40.

[24] 方黎明, 陆楠. 能源替代的健康效应——生活能源替代对中老年农村居民健康的影响 [J]. 中国人口·资源与环境, 2019, 29 (6): 40 -49.

[25] 冯淑怡, 罗小娟, 张丽军, 等 养殖企业畜禽粪尿处理方式选择、

影响因素与适用政策工具分析——以太湖流域上游为例［J］. 华中农业大学学报（社会科学版），2013（1）：12－18.

［26］高进云，乔荣锋. 农地城市流转前后农户福利变化差异分析［J］. 中国人口·资源与环境，2011（1）：99－105.

［27］高明美，孙涛，张坤. 基于超标倍数赋权法的济南市大气质量模糊动态评价［J］. 干旱区资源与环境，2014，28（9）：150－154.

［28］葛菁，阎伍玖. 环境影响公众参与结果的定量评价分析［J］. 安徽工程科技学院学报（自然科学版），2006（4）：69－73.

［29］谷小科，杜红梅. 畜禽粪污资源化利用的政策逻辑及实现路径［J］. 农业现代化研究，2020（8）：772－782.

［30］郭捷，杨立成. 环境规制、政府研发资助对绿色技术创新的影响——基于中国内地省级层面数据的实证分析［J］. 科技进步与对策，2020，37（10）：37－44.

［31］郭庆. 基于委托代理视角的环境规制监督系统设计［J］. 经济与管理评论，2012（6）：32－38.

［32］韩国高，邵忠林. 环境规制、地方政府竞争策略对产能过剩的影响［J］. 财经问题研究，2020（3）：29－38.

［33］郝义彬，李咏心，方明旺，等. 养殖户对扑杀补偿政策配合意愿及影响因素分析［J］. 2017（8）：27－30.

［34］何春，刘荣增. 中国环境规制与城镇减贫效应研究［J］. 西南民族大学学报（人文社会科学版），2020（4）：111－119.

［35］何家强，夏开庆. 生猪规模养殖场排污治理存在问题及对策［J］. 兽医导刊，2018（1）：29－30.

［36］何可，张俊飚，张露，等. 人际信任、制度信任与农民环境治理参与意愿——以农业废弃物资源化为例［J］. 管理世界，2015（5）：75－88.

［37］侯国庆，马骥. 我国环境规制对畜禽养殖规模的影响效应——基于面板分位数回归方法的实证研究［J］. 华南理工大学学报（社会科学版），2017，19（1）：37－48.

［38］胡竖煜，刘孝刚，万敬华，等. 畜禽养殖环境污染分析与预警系统

的研究——以辽宁省锦州市为例 [J]. 中国畜牧杂志, 2016 (20): 29-34.

[39] 湖北日报. 湖北畜禽养殖迈向绿色时代 [N]. 湖北日报, 2017-08-31.

[40] 湖北省农业农村厅. 省农业农村厅关于省十三届人大二次会议第20190026号建议的答复 [EB/OL]. 2019-08-29.

[41] 黄季焜, 刘莹. 农村环境污染情况及其影响因素分析——来自全国百村的实证分析 [J]. 管理学报, 2010, 7 (11): 1725-1729.

[42] 黄季焜, 齐亮, 陈瑞剑. 技术信息知识、风险偏好与农民施用农药 [J]. 管理世界, 2008 (5): 71-76.

[43] 黄永源, 朱晟君. 公众环境关注、环境规制与中国能源密集型产业动态 [J]. 自然资源学报, 2020, 35 (11): 2744-2758.

[44] 吉小燕, 刘立军, 刘亚洲. 生猪规模养殖户污染处理行为研究——以浙江省嘉兴市为例 [J]. 农林经济管理学报, 2015, 14 (6): 630-635.

[45] 姜海, 白璐, 雷昊, 等. 基于效果—效率—适应性的养殖废弃物资源化利用管理模式评价框架构建及初步应用 [J]. 长江流域资源与环境, 2016 (10): 1501-1508.

[46] 金书秦, 韩冬梅, 吴娜伟. 中国畜禽养殖污染防治政策评估 [J]. 农业经济问题, 2018 (3): 119-126.

[47] 景艳东. 畜牧养殖业污染分析与清洁生产技术 [J]. 湖北畜牧兽医, 2016 (4): 52-53.

[48] 孔凡斌, 张维平, 潘丹. 基于规模视角的农户畜禽养殖污染无害化处理意愿影响因素分析——以5省754户生猪养殖户为例 [J]. 江西财经大学学报, 2016 (6): 75-81.

[49] 孔凡斌, 张维平, 潘丹. 农户畜禽养殖污染无害化处理意愿与行为一致性分析——以5省754户生猪养殖户为例 [J]. 现代经济探讨, 2018 (4): 125-132.

[50] 孔凡斌, 张维平, 潘丹. 养殖户畜禽粪便无害化处理意愿及影响因素研究——基于5省754户生猪养殖户的调查数据 [J]. 农林经济管理

学报, 2016, 15 (4): 454 -463.

[51] 李钢, 李颖. 环境规制强度测度理论与实证进展 [J]. 经济管理, 2012 (12): 154 -165.

[52] 李冠杰. 开放经济下环境规制强度对环境污染的外部性影响研究 [J]. 统计与决策, 2018, 34 (8): 105 -108.

[53] 李海涛, 汪成忠, 赵星星. 养殖户绿色饲料添加剂使用意愿及其影响因素分析 [J]. 内蒙古农业大学学报 (社会科学版), 2019, 21 (6): 12 -20.

[54] 李建华, 李全胜, 徐建明. 畜禽养殖业清洁生产的必要性及实施对策研究——以浙江省为例 [J]. 环境污染与防治, 2004, 26 (1): 39 -41.

[55] 李杰, 胡向东, 王玉斌. 生猪养殖户养殖效率分析——基于4省277户养殖户的调研 [J]. 农业技术经济, 2019 (8): 29 -39.

[56] 李宁, 宋伟红, 闫凤超, 等. 关于畜禽粪污资源化利用模式的探讨及对策思考 [J]. 现代化农业, 2018 (7): 62 -64.

[57] 李启庚, 冯艳婷, 余明阳. 环境规制对工业节能减排的影响研究——基于系统动力学仿真 [J]. 华东经济管理, 2020, 34 (5): 64 -72.

[58] 李乾, 王玉斌. 畜禽养殖废弃物资源化利用中政府行为选择——激励抑或惩罚 [J]. 农村经济, 2018 (9): 55 -61.

[59] 李冉, 沈贵银, 金书秦. 畜禽养殖污染防治的环境政策工具选择及运用 [J]. 农村经济, 2015 (6): 95 -100.

[60] 李淑兰, 邓良伟. 2007 年我国畜禽养殖废弃物处理的宏观政策及技术进展 [J]. 猪业科学, 2008 (1): 70 -72.

[61] 李卫兵, 陈楠, 王滨. 排污收费对绿色发展的影响 [J]. 城市问题, 2019 (7): 4 -16.

[62] 李伟伟, 易平涛, 李玲玉. 综合评价中异常值的识别及无量纲化处理方法 [J]. 运筹与管理, 2018, 27 (4): 173 -178.

[63] 李文欢, 王桂霞. 社会规范对农民环境治理行为的影响研究——以畜禽粪污资源化利用为例 [J]. 干旱区资源与环境, 2019, 33 (7): 10 -15.

[64] 李燕凌, 车卉, 王薇. 无害化处理补贴公共政策效果及影响因素

研究——基于上海、浙江两省（市）14个县（区）773个样本的实证分析［J］．湘潭大学学报（哲学社会科学版），2014（5）：42－47.

［65］连玉君，廖俊平．如何检验分组回归后的组间系数差异？［J］．郑州航空工业管理学院学报，2017（6）：97－109.

［66］连玉君，彭方平，苏治．融资约束与流动性管理行为［J］．金融研究，2010，10（364）：158－171.

［67］梁流涛，冯淑怡，曲福田．农业面源污染形成机制：理论与实证［J］．中国人口·资源与环境，2010（4）：74－80.

［68］梁睿．环境规制与大气污染减排关系的进一步检验——基于经济增长的门槛效应分析［J］．生态经济，2020，36（9）：182－187.

［69］林丽梅，刘振滨，杜焱强，等．生猪规模养殖户污染防治行为的心理认知及环境规制影响效应［J］．中国生态农业学报，2018（1）：156－166.

［70］林武阳，任笔，冉瑞平．生猪养殖户污染无害化处理意愿研究——基于四川5市的调查［J］．广东农业科学，2014，41（13）：167－171.

［71］刘刚辉，李可成，李如意．规模化养殖场监管现状及应对举措［J］．湖南畜牧兽医，2012（4）：44－45.

［72］刘娜．区域畜禽养殖污染特征及治理模式分析研究——以呼和浩特市为例［D］．呼和浩特：内蒙古大学，2015.

［73］刘仁鑫，张金强，杨卫平．畜禽粪污资源化处理技术的现状与展望［J］．江西农业学报，2019，31（4）：99－103.

［74］刘世廷．资源有限性与人类需要无限性的矛盾——人类社会基本矛盾的现代透视［J］．科学社会主义，2006（6）：91－93.

［75］刘同山．农民土地退出意愿及其影响因素分析［J］．中国延安干部学院学报，2016，9（2）：123－131.

［76］刘毅．中国磷代谢与水体富营养化控制政策研究［D］．北京市：清华大学图书馆，2004.

［77］刘子飞，张体伟，胡晶．西南山区农户禀赋对其沼气选择行为的影响——基于云南省1102份农户数据的实证分析［J］．湖南农业大学学报

(社会科学版), 2014, 15 (2): 1 -7.

[78] 陆文聪, 马云喜, 薛巧云. 集约化畜禽养殖废弃物处理与资源化利用: 来自北京顺义区农村的政策启示 [J]. 农业现代化研究, 2010 (4): 488 -491.

[79] 吕文魁, 王夏晖, 孔源, 等. 基于保障畜禽养殖产业可持续发展的环境保护战略 [J]. 中国人口·资源与环境, 2013 (S2): 73 -77.

[80] 罗春华. 畜禽养殖污染成因分析及治理对策 [J]. 农村经济, 2006 (12): 99 -102.

[81] 马慧强, 燕明琪, 李岚, 等. 我国旅游公共服务质量时空演化及形成机理分析 [J]. 经济地理, 2018, 38 (3): 190 -199.

[82] 马万明. 从《齐民要术》看我国古代畜禽饲养技术水平 [J]. 农业考古, 1984 (1): 109 -113.

[83] 孟祥海, 况辉, 孟桃, 等. 规模化畜禽养殖场污染防治意愿影响因素分析 [J]. 湖北农业科学, 2015 (6) : 1502 -1507.

[84] 孟祥海, 周海川, 周海文. 区域种养平衡估算与养殖场种养结合意愿影响因素分析: 基于江苏省的实证研究 [J]. 生态与农村环境学报, 2018 (2): 132 -139.

[85] 闵继胜, 周力. 组织化降低了规模养殖户的碳排放了吗——来自江苏三市 229 个规模养猪户的证据 [J]. 农业经济问题, 2014, 35 (9): 35 -42.

[86] 闵师, 王晓兵, 侯玲玲, 等. 农户参与人居环境整治的影响因素——基于西南山区的调查数据 [J]. 中国农村观察, 2019 (4): 94 -110.

[87] 潘丹, 孔凡斌. 养殖户环境友好型粪便处理方式选择行为分析——以生猪养殖为例 [J]. 中国农村经济, 2015 (9): 17 -29.

[88] 潘丹. 规模养殖与畜禽污染关系研究——以生猪养殖为例 [J]. 资源科学, 2015, 37 (11): 2279 -2287.

[89] 潘翻番, 徐建华, 薛澜. 自愿型环境规制: 研究进展及未来展望 [J]. 中国人口·资源与环境, 2020 (1): 74 -82.

[90] 潘亚茹, 罗良国, 刘宏斌. 基于 Heckman 模型的支付意愿及强度

的影响因素研究——以大理州276个奶牛养殖户为例［J］. 中国农业资源与区划，2017，38（12）：99－107.

［91］庞金梅. 畜禽养殖废弃物污染防治与资源化循环利用［J］. 山西农业科学，2011（2）：149－151，161.

［92］彭新宇. 畜禽养殖污染防治的沼气技术采纳行为及绿色补贴政策研究：以养猪专业户为例［D］. 北京：中国农业科学院博士学位论文，2007.

［93］彭艳霞. 畜禽养殖业的污染治理及清洁生产对策［J］. 畜牧与饲料科学，2010，31（5）：101－102.

［94］蒲实，袁威. 乡村振兴视阈下农村居民民生保障、收入增长与幸福感：水平测度及其优化［J］. 农村经济，2019（11）：60－68.

［95］乔娟，舒畅. 养殖场户病死猪处理的实证研究：无害化处理和方式选择［J］. 中国农业大学学报，2017，22（3）：179－187.

［96］乔娟，张诩. 政府干预与道德责任对养殖废弃物治理绩效的影响——基于养殖场户视角［J］. 中国农业大学学报，2019（9）：248－259.

［97］仇焕广，井月，廖绍攀，等. 我国畜禽污染现状与治理政策的有效性分析［J］. 中国环境科学，2013（12）：2268－2273.

［98］仇焕广，栾昊，李瑾，等. 风险规避对农户化肥过量施用行为的影响［J］. 中国农村经济，2014（3）：85－96.

［99］仇焕广，严健标，蔡亚庆，等. 中国专业畜禽养殖的污染物排放与治理对策分析——基于五省调查的实证研究［J］. 农业技术经济，2012（5）：29－35.

［100］饶静，张燕琴. 从规模到类型：生猪养殖污染治理和资源化利用研究——以河北LP县为例［J］. 农业经济问题，2018（4）：121－130.

［101］人民日报. 全国畜禽粪污综合利用率达70%［N］. 人民日报，2019－04－08.

［102］人民日报. 我国年产畜禽粪污38亿吨 四成未有效利用［N］. 人民日报，2017－06－18.

［103］任胜钢，蒋婷婷，李晓磊，等. 中国环境规制类型对区域生态效

率影响的差异化机制研究 [J]. 经济管理, 2016 (1): 157 – 165.

[104] 任志涛, 党斐艳. 基于熵值——主成分分析的环境治理公众参与水平评价研究 [J]. 环境保护科学, 2020, 46 (1): 1 – 6.

[105] 沈鑫琪, 乔娟. 生猪养殖场户良种技术采纳行为的驱动因素分析——基于北方三省市的调研数据 [J]. 中国农业资源与区划, 2019 (11): 95 – 102.

[106] 生延超. 环境规制的制度创新: 自愿性环境协议 [J]. 华东经济管理, 2008 (1): 27 – 30.

[107] 石华平, 易敏利. 环境规制、非农兼业与农业面源污染——以化肥施用为例 [J]. 农村经济, 2020 (7): 127 – 136.

[108] 石磊, 钱易. 清洁生产的回顾与展望——世界及中国推行清洁生产的进程 [J]. 中国人口·资源与环境, 2002, 12 (2): 123 – 126.

[109] 舒畅, 乔娟, 耿宁. 畜禽养殖废弃物资源化的纵向关系选择研究——基于北京市养殖场户视角 [J]. 资源科学, 2017, 39 (7): 1338 – 1348.

[110] 司瑞石, 陆迁, 张淑霞. 环境规制对养殖户病死猪资源化处理行为的影响——基于河北、河南和湖北的调研数据 [J]. 农业技术经济, 2020 (7): 47 – 60.

[111] 司瑞石, 潘嗣同, 袁雨馨, 等. 环境规制对养殖户废弃物资源化处理行为的影响研究——基于拓展决策实验分析法的实证 [J]. 干旱区资源与环境, 2019 (9): 17 – 22.

[112] 司智涉. 改革开放 30 年我国畜牧业生产区域分布变化情况 [J]. 当代畜牧, 2008 (7): 1 – 2.

[113] 宋妍, 张明. 公众认知与环境治理: 中国实现绿色发展的路径探析 [J]. 中国人口·资源与环境, 2018, 28 (8): 161 – 168.

[114] 孙超, 潘瑜春, 刘玉. 畜禽粪便资源现状及替代化肥潜力研究: 以安徽省固镇县为例 [J]. 生态与农村环境学报, 2017, 33 (4): 324 – 331.

[115] 孙顶强, 卢宇桐, 田旭. 生产性服务对中国水稻生产技术效率的影响——基于吉、浙、湘、川 4 省微观调查数据的实证分析 [J]. 中国

农村经济，2016（8）：70－81.

［116］孙东升．论中国畜牧业可持续发展［D］．沈阳：沈阳农业大学，1999.

［117］孙良媛，刘涛，张乐．中国规模化畜禽养殖的现状及其对生态环境的影响［J］．华南农业大学学报（社会科学版），2016，15（2）：23－30.

［118］孙若梅．畜禽养殖废弃物资源化的困境与对策［J］．社会科学家，2018（2）：22－26.

［119］孙若楠．畜禽养殖业生态补偿的研究——以山东省烟台市为例［J］．生态经济，2017（3）：29－33.

［120］孙世民，张媛媛，张健如．基于Logit－ISM模型的养猪场（户）良好质量安全行为实施意愿影响因素的实证分析［J］．中国农村经济，2012（10）：24－36.

［121］孙晓伟．基于环境规制视域的企业环境责任缺失分析［J］．技术经济与管理研究，2011（7）：81－85.

［122］陶秀萍，董红敏．畜禽废弃物无害化处理与资源化利用技术研究进展［J］．中国农业科技导报，2017，19（1）：43－48.

［123］田瑾．多指标综合评价分析方法综述［J］．时代金融，2008（2）：25－27.

［124］童延军．养殖业的环保措施［J］．中国畜牧兽医文摘，2014，30（10）：115.

［125］汪冲，赵玉民．社会规范与高收入个人纳税遵从［J］．财经研究，2013（12）：4－16.

［126］王宝海，王翠琴．城乡居民人均收入指标的辨析［J］．统计与决策，2005（14）：161.

［127］王桂霞，杨义风．生猪养殖户粪污资源化利用及其影响因素分析——基于吉林省的调查和养殖规模比较视角［J］．湖北农业大学学报（社会科学版），2017（3）：13－18.

［128］王欢，乔娟，李秉龙．养殖户参与标准化养殖场建设的意愿及其影响因素——基于四省（市）生猪养殖户的调查数据［J］．中国农村观

察, 2019 (4): 111 - 127.

[129] 王建华, 陶君颖, 陈璐. 养殖户畜禽废弃物资源化处理受偿意愿及影响因素研究 [J]. 中国人口·资源与环境, 2019, 29 (9): 144 - 155.

[130] 王建华, 杨晨晨, 唐建军. 养殖户损失厌恶与病死猪处理行为——基于404家养殖户的现实考察 [J]. 中国农村经济, 2019 (4): 130 - 144.

[131] 王珏. 村域经济之农村户用沼气调研报告 [J]. 农业工程技术 (新能源产业), 2011 (4): 3 - 14.

[132] 王克俭, 张岳恒. 规模化生猪养殖污染防控的价值分析——基于支付意愿的视角 [J]. 农村经济, 2016 (2): 101 - 107.

[133] 王忙生. 畜牧业清洁生产与审核 [M]. 北京: 中国农业出版社, 2017.

[134] 王群勇, 陆凤芝. 环境规制影响农民工城镇就业的空间特征 [J]. 经济与管理研究, 2019, 40 (6): 56 - 71.

[135] 王善高, 周应恒, 张晓恒. 畜禽养殖环境效率及其污染物减排——以不同规模生猪养殖为例 [J]. 中国农业大学学报, 2019, 24 (9): 232 - 247.

[136] 王文惠. 畜禽养殖业清洁生产研究 [J]. 资源节约与环境保护, 2013 (9): 101 - 102.

[137] 王晓燕, 曹利平. 农业非点源污染控制的补贴政策 [J]. 水资源保护, 2008 (1): 34 - 38.

[138] 王元芳, 古鹏, 刘存庆, 等. 畜禽养殖业污染物的无害化处理及资源化利用分析 [J]. 江西农业学报, 2020 (6): 127 - 132.

[139] 王芸娟, 马骥. 市场激励缘何提升养殖户质量控制水平: 基于收益和风险视角 [J]. 农村经济, 2020 (4): 107 - 115.

[140] 邬兰娅. 基于扎根理论的规模生猪养殖户生态生产行为影响因素研究 [J]. 农业经济与科技, 2020, 31 (4): 29 - 31.

[141] 吴丹. 太湖流域畜禽养殖非点源污染控制政策的实证分析 [D]. 杭州: 浙江大学, 2011.

[142] 吴青蔓，王芳，余平，等．农村养殖户畜禽粪便无害化处理意愿及其影响因素研究——以成都市为例 [J]. 农村经济与科技，2017（19）：58－62.

[143] 武深树，肖林，谭美英，等．供给条件下生猪规模养殖场标准化改造的意愿分析 [J]. 中国生态农业学报，2009（4）：789－794.

[144] 熊文强，王新杰．农业清洁生产——21世纪农业可持续发展的必然选择 [J]. 软科学，2009，23（7）：114－123.

[145] 徐莉萍，刘铭倩，刘宁．环境规制能有效抑制哪些企业环境犯罪行为？——来自2011—2015年上市公司的证据 [J]. 商业研究，2018（10）：138－146.

[146] 徐新悦，岳梦凡，李建国，等．滨海地区畜禽养殖户污染防治意愿影响因素及其响应机理——以盐城市为例 [J]. 自然资源学报，2019，34（9）：1974－1986.

[147] 许朗，罗东玲，刘爱军．社会资本对农户参与灌溉管理改革意愿的影响分析 [J]. 资源科学，2015（6）：1287－1294。

[148] 许赟春，马剑虹．社会两难中责任感的动态研究及其对亲社会行为的影响 [J]. 人类工效学，2003，19（1）：41－46.

[149] 宣梦，许振成，吴根义，等．我国规模化畜禽养殖粪污资源化利用分析 [J]. 农业资源与环境学报，2018（2）：126－132.

[150] 薛洲，耿献辉．电商平台、熟人社会与农村特色产业集群——沙集“淘宝村”的案例 [J]. 西北农林科技大学学报（社会科学版），2018，18（5）：46－54.

[151] 闫振宇，王超，李兰芳．规模生猪养殖场（户）粪污处理模式及综合效益评价——基于河北省的实地调研 [J]. 生态经济，2019，35（5）：194－199.

[152] 颜景辰．中国生态畜牧业发展战略研究 [D]. 武汉：华中农业大学图书馆，2007.

[153] 杨国荣．伦理生活与道德实践 [J]. 学术月刊，2014（3）：49－56.

[154] 杨惠芳. 生猪面源污染现状及防治对策研究——以浙江省嘉兴市为例 [J]. 农业经济问题, 2013 (7): 25-29.

[155] 杨卫忠. 农村土地经营权流转中的农户羊群行为——来自浙江省嘉兴市农民的调查数据 [J]. 中国农村经济, 2015 (2): 38-82.

[156] 杨伟民. 论个人福利与国家和社会的责任 [J]. 社会学研究, 2008 (1): 120-142, 244-245.

[157] 杨志海. 生产环节外包改善了农户福利吗? ——来自长江流域水稻种植农户的证据 [J]. 中国农村经济, 2019 (4): 73-61.

[158] 叶静怡, 王琼. 进城务工人员福利水平的一个评价——基于Sen的可行能力理论 [J]. 经济学 (季刊), 2014 (4): 1323-1344.

[159] 应瑞瑶, 薛荦绮, 周力. 基于垂直协作视角的农户清洁生产关键点研究——以生猪养殖业为例 [J]. 资源科学, 2014, 36 (3): 612-619.

[160] 于超. 规模养猪场户清洁生产行为研究 [D]. 山东: 山东农业大学图书馆, 2019.

[161] 于婷, 于法稳. 环境规制政策情境下畜禽养殖废弃物资源化利用认知对养殖户参与意愿的影响分析 [J]. 中国农村经济, 2019 (8): 91-108.

[162] 于潇, 郑逸芳, 苏时鹏. 农户参与畜禽养殖污染整治意愿及其影响因素分析 [C]. 第八届中国管理学年会, 2013.

[163] 于潇, 郑逸芳. 农户参与畜禽养殖污染整治意愿及其影响因素——基于福建南平地区286份调查问卷 [J]. 湖南农业大学学报 (社会科学版), 2013 (6): 44-49.

[164] 虞祎, 张晖, 胡浩. 基于水足迹理论的中国畜牧业水资源承载力研究 [J]. 资源科学, 2012 (3): 394-400.

[165] 虞祎, 张晖, 胡浩. 排污补贴视角下的养殖户环保投资影响因素研究——基于沪、苏、浙生猪养殖户的调查分析 [J]. 中国人口·资源与环境, 2012 (2): 159-163.

[166] 袁平, 朱立志. 中国农业污染防控: 环境规制缺陷与利益相关者的逆向选择 [J]. 农业经济问题, 2015 (11): 73-80.

[167] 曾亿武, 郭红东, 金松青. 电子商务有益于农民增收吗? ——

来自江苏沭阳的证据 [J]. 中国农村经济, 2018 (2): 49-64.

[168] 张成, 陆旸, 郭路, 等. 环境规制强度和生产技术进步 [J]. 经济研究, 2011 (2): 113-124.

[169] 张福德. 环境治理的社会规范路径 [J]. 中国人口·资源与环境, 2016, 26 (11): 10-18.

[170] 张晖. 中国畜牧业面源污染研究 [D]. 南京: 南京农业大学博士学位论文, 2010.

[171] 张晖, 胡浩. 农业面源污染的环境库兹涅茨曲线验证——基于江苏省时序数据的分析 [J]. 中国农村经济, 2009 (4): 48-53.

[172] 张倩, 姚平. 波特假说框架下环境规制对企业技术创新路径及动态演化的影响 [J]. 工业技术经济, 2018 (8): 52-59.

[173] 张瑞. 环境规制、能源生产力与中国经济增长 [D]. 重庆: 重庆大学图书馆, 2013.

[174] 张帅, 陈硕, 吴建繁, 等. 京郊畜禽粪污氮磷含量特征及影响因素分析 [J]. 农业工程学报, 2018, 34 (8): 244-251.

[175] 张天柱. 从清洁生产到循环经济 [J]. 中国人口·资源与环境, 2006, 16 (6): 169-174.

[176] 张诩, 乔娟, 沈鑫琪. 养殖废弃物治理经济绩效及其影响因素——基于北京市养殖场 (户) 视角 [J]. 资源科学, 2019, 41 (7): 1250-1261.

[177] 张学刚. 环境规制强度测算现状及趋势 [J]. 环境与发展, 2020 (7): 4-5, 10.

[178] 张义来, 杜红梅. 控制生猪养殖污染的环境规制政策研究 [J]. 农村经济与科技, 2018 (5): 32-34.

[179] 张郁, 江易华. 环境规制政策情境下环境风险感知对养猪户环境行为影响——基于湖北省 280 户规模养殖户的调查 [J]. 农业技术经济, 2016 (11): 76-86.

[180] 张园园, 孙世民, 王军一. 畜禽养殖清洁生产: 国外经验与启示 [J]. 中国环境管理, 2019 (1): 128-131.

[181] 章玲. 关于农业清洁生产的思考 [J]. 中国农村经济, 2001 (2): 38-42.

[182] 赵俊伟, 姜昊, 陈永福, 等. 生猪规模养殖粪污治理行为影响因素分析——基于意愿转化行为视角 [J]. 自然资源学报, 2019, 34 (8): 1708-1719.

[183] 赵祥云. 嵌入性视角下新型农业经营主体的适应性调适 [J]. 西北农林科技大学学报 (社会科学版), 2019, 19 (6): 93-100.

[184] 赵玉民, 朱方明, 贺立龙. 环境规制的界定、分类与演进研究 [J]. 中国人口·资源与环境, 2009 (6): 85-90.

[185] 郑馨, 周先波, 张麟. 社会规范与创业——基于62个国家创业数据的分析 [J]. 经济研究, 2017 (11): 59-73.

[186] 郑珍远, 刘婧, 李悦. 基于熵值法的东海区海洋产业综合评价研究 [J]. 华东经济管理, 2019, 33 (9): 97-102.

[187] 植草益. 微观规制经济学 [M]. 北京: 中国发展经济学, 1992.

[188] 中国畜牧业年鉴编辑委员会. 中国畜牧业年鉴2018 [M]. 北京: 中国农业出版社, 2018.

[189] 中华人民共和国国家统计局. 中国农村统计年鉴2019 [M]. 北京: 中国统计出版社, 2019.

[190] 中华人民共和国农业农村部. 全国畜禽养殖污染防治"十二五"规划 [EB/OL]. (2013-01-05). http: //www.gov.cn/gzdt/2013-01/05/content_2304905.htm.

[191] 中华人民共和国农业农村部. 重点流域农业面源污染综合治理示范工程建设规划 (2016—2020年) [EB/OL]. 2017-3-24.

[192] 钟锦文, 钟昕. 污染防治攻坚战中数量型环境规制优化 [J]. 华南农业大学学报 (社会科学版), 2020, 19 (4): 76-88.

[193] 周德海. 论"经济人"的道德——兼评目前学术界对"经济人"的研究 [J]. 管理学刊, 2013 (2): 12-16.

[194] 周建军, 谭莹, 胡洪涛. 环境规制对中国生猪养殖生产布局与产业转移的影响分析 [J]. 农业现代化研究, 2018 (3): 440-450.

[195] 周力，薛荦绮．基于纵向协作关系的农户清洁生产行为研究——以生猪养殖为例 [J]. 南京农业大学学报（社会科学版），2014 (3): 29 - 36.

[196] 周力．产业集聚、环境规制与畜禽养殖半点源污染 [J]. 中国农村经济，2011 (2): 60 - 73.

[197] 周敏，杨玉亭．乐趣、利益还是道德驱使？——从目标框架理论看环境传播对个体环保行动的影响 [J]. 现代视听，2020 (6): 27 - 34.

[198] 朱宁，秦富．环境内生条件下畜禽规模养殖效果分析——以蛋鸡为例 [J]. 农村经济，2016 (1): 50 - 56.

[199] 朱宁，秦富．畜禽废弃物处理对规模养殖环境效率的影响——基于蛋鸡粪便处理的视角 [J]. 中国环境科学，2015 (6): 1901 - 1910.

[200] 朱宁．畜禽养殖户废弃物处理及其对养殖效果影响的实证研究——以蛋鸡粪便处理为例 [D]. 北京：中国农业大学，2014.

[201] 朱玉春，唐娟莉，罗丹．农村公共品供给效果评价：来自农户收入差距的响应 [J]. 管理世界，2011 (9): 74 - 80.

[202] 朱哲毅，应瑞瑶，周力．畜禽养殖末端污染治理政策对养殖户清洁生产行为的影响研究——基于环境库兹涅茨曲线视角的选择性试验 [J]. 华中农业大学学报（社会科学版），2016 (5): 55 - 62.

[203] Abdulai A., Huffman W. The adoption and impact of soil and water conservation technology: An endogenous switching regression application [J]. Land Economics, 2014, 90 (1): 26 - 43.

[204] Akerlof G. A. A theory of social custom, of which unemployment may be one consequence [J]. Quarterly Journal of Economics, 1980, 94 (4): 749 - 775.

[205] Becerril J., Abdulai A. The impact of improved maize varieties on poverty in Mexico: A propensity score - matching approach [J]. World Development, 2010, 38 (7): 1024 - 1035.

[206] Beshir H., Emana B., Kassa B., et al. Economic efficiency of mixed crop - livestock production system in the north eastern highlands of Ethio-

pia: the Stochastic frontier approach [J]. Journal of Agricultural Economics and Development, 2012, 1 (1): 10-20.

[207] Bouma J. The importance of validated ecological indicators for manure regulations in the Netherlands [J]. Ecological Indicators, 2016 (66): 301-305.

[208] Bozorgparvar Z., Yazdanpanah M., Forouzani M., et al. Cleaner and greener livestock production: Appraising producers' perceptions regarding renewable energy in Iran [J]. Journal of Cleaner Production, 2018 (203): 769-776.

[209] Bromley C., Kliebenstein J. B., Hayenga M. L. Pork production costs: A comparison of major pork exporting countries [D]. Ames: Iowa State Uniersity, 1986.

[210] Cardenas J. C., Carpenter J. P. Three themes on field experiments and economics development [J]. Research in Experimental Economics, 2005 (10): 71-123.

[211] Case S. D. C., Oelofse M., Hou Y., et al. Farmer perceptions and use of organic waste products as fertilisers—A survey study of potential benefits and barriers [J]. Agricultural Systems, 2017 (151): 84-95.

[212] Chadwick D., Jia W., Tong Y., et al. Improving manure nutrient management towards sustainables agricultural intensification in China [J]. Agriculture, Ecosystems and Environment, 2015, 209 (11): 34-36.

[213] Chakravarty S., Mishra R. Using social norms to reduce paper waste: Results from a field experiment in the Indian information technology sector [J]. Ecological Economics, 2019 (164): 106356.

[214] Daxini A., O'Donoghue C., Ryan M., et al. Which factors influence farmers' intentions to adopt nutrient management planning? [J]. Journal of Environmental Management, 2018, 224 (15): 350-360.

[215] De Groot J. I. M., Schuitema G. How to make the unpopular popular? Policy characteristics, social norms and the acceptability of environmental

policies [J]. Environmental Science and Policy, 2012, 19 -20: 100 -107.

[216] Dorfman J. H. Modelling multiple adoption decisions in a joint framework [J]. American Journal of Agricultural Economics, 1996 (78): 547 - 557.

[217] Dowd B. M., Press D., Huertos M. Agricultural nonpoint source water pollution policy: The case of California's central coast [J]. Agriculture, Ecosystems and Environment, 2008, 12 (3): 151 -161.

[218] Eklund L. Son preference reconfigured: A qualitative study of migration and social change in four Chinese villages [J]. China Quarterly, 2015 (224): 1026 -1047.

[219] Elster J. Social norms and economic theory [J]. Journal of Economic Perspectives, 1989, 3 (4): 99 -117.

[220] Farrow K., Grolleau G., Ibanez L. Social norms and pro - environmental behavior: A review of the evidence [J]. Ecological Economics, 2017 (140): 1 -13.

[221] Fishbein M., Ajzen I. Belief, attitude, intention, and behavior: An introduction to theory and research [M]. Reading, Mass: Addison - Wesley Pub Co, 1975.

[222] Fuglie K. O., Bosch D. Economic and environmental implications of soil nitrogen testing: A switching - regression analysis [J]. American Journal of Agricultural Economics, 1995, 77 (4): 891 -900.

[223] Gärling T., Fujii S., Gärling A., et al. Moderating effects of social value orientation on determinants of proenvironmental behavior intention [J]. Journal of Environmental Psychology, 2003, 23 (1): 1 -9.

[224] Greene W. H. Econometric Analysis (7th edition) [M]. New Jersey: Prentice Hall, 2008.

[225] Griffin R. J., Van Der Warf H. M. G. Scenario - based environmental assessment of farming systems: The case of pig production in France [J]. Agriculture Ecosystems and Environment, 1982 (105): 127 -144.

[226] He K., Zhang J., Zeng Y., et al. Households' willingness to accept compensation for agricultural waste recycling: taking biogas production from livestock manure waste in Hubei, P. R. China as an example [J]. Journal of Cleaner Production, 2016, 131 (10): 410-420.

[227] Herrero M., Henderson B., Havlik P., et al. Greenhouse gas mitigation potentials in the livestock sector [J]. Nature Climate Change, 2016, 6 (5): 452-461.

[228] Hodge I. On the local environmental impact of livestock production [J]. Journal of Agricultural Economics, 2010, 29 (3): 279-290.

[229] Homans G. C. Social behavior: Its elementary forms [M]. New York: Harcourt, Brace & Co., 1961: 46.

[230] Hong H., Kacperczyk M. The price of sin: The effects of social norms on markets [J]. Journal of Financial Economics, 2009 (93): 15-36.

[231] Hou Y., Ma L., Gao Z. L., et al. The driving forces for nitrogen and phosphorus flows in the food chain of china, 1980 to 2010 [J]. Journal of Environmental Quality, 2013, 42 (4): 962.

[232] Huang J. K., Wang Y. J., Wang J. X. Farmers' adaptation to extreme weather events through farm management and its impacts on the mean and risk of rice yield in China [J]. American Journal of Agricultural Economics, 2015, 97 (2): 602-617.

[233] Innes R. Economics of agricultural residuals and overfertilization: Chemical fertilizer use, livestock waste, manure management, and environmental impacts [J]. Encyclopedia of Energy Natural Resource & Environmental Economics, 2013, 19 (19): 50-57.

[234] Innes R. The economics of livestock waste and its regulation [J]. American Journal of Agricultural Economics, 2000 (82): 97-117.

[235] Jaffe A. B., Peterson S. R., Portney P. R., et al. Environmental regulation and the competitiveness of U. S. manufacturing: What does the evidence tell us? [J]. Journal of Economic Literature, 1995, 33 (1): 132-163.

[236] Kabunga N. S., Dubois T., Qaim M. Yield effects of tissue culture bananas in Kenya: Accounting for selection bias and the role of complementary inputs [J]. Journal of Agricultural Economics, 2012, 63 (2): 444 -464.

[237] Kaiser H. F. An index of factorial simplicity [J]. Psychometrika, 1974 (39): 31 -36.

[238] Kammann R., Farry M., Herbison P. The analysis and measurement of happiness as a sense of well - being [J]. Social Indicators Research, 1984 (15): 91 -115.

[239] Kandori M. Social norms and community enforcement [J]. Review of Economic Studies, 1992 (59): 63 -80.

[240] Kassie M., Shiferaw B., Muricho G. Agricultural technology, crop income, and poverty alleviation in Uganda [J]. World Development, 2011, 39 (10): 1784 -1795.

[241] Klonglan G. E., Coward F. W. J. The conception of symbolic adoption: A suggested interpretation [J]. Rural Sociology, 1970 (35): 77 -84.

[242] Klootwijk C. W., Middelaar C. E. V., Berentsen P. B. M., et al. Dutch dairy farms after milk quota abolition: Economic and environmental consequences of a new manure policy [J]. Journal of Dairy Science, 2016, 99 (10): 8384 -8396.

[243] Lee L. F. Unionism and wage rates: A simultaneous equation model with qualitative and limited dependent variables [J]. International Economic Review, 1978, 19 (2): 415 -433.

[244] Lindbeck A., Nyberg S., Weibull R. W. Social norms and economic incentives [J]. The Quarterly Journal of Economics, 1999 (1): 1 -34.

[245] Lokshin M., Sajaia Z. Maximum likelihood estimation of endogenous switching regression models [J]. The Stata Journal, 2004, 4 (3): 282 - 289.

[246] McAuliffe G. A., Chapman D. V., Sage C. L. A thematic review of life cycle assessment (LCA) applied to pig production [J]. Environmental

Impact Assessment Review, 2016 (56): 12 – 22.

[247] McAuliffe G. A., Takahashi T., Mogensen L., et al. Environmental trade – offs of pig production systems under varied operational efficiencies [J]. Journal of Cleaner Production, 2017 (165): 1163 – 1173.

[248] Mcdonald R. I., Crandall C. S. Social norms and social influence [J]. Current Opinion in Behavioral Sciences, 2015 (3): 147 – 151.

[249] McManus P. Environmental regulation [J]. International Encyclopedia of Human Geography, 2009, 546 – 522.

[250] Metcalfe M. State legislation regulating animal manure management [J]. Applied Economic Perspectives and Policy, 2000, 22 (2): 519 – 532.

[251] Misra K. B. Clean production: Environmental and economic perspectives [M]. Springer – Verlag Berlin Heidelberg, 2012.

[252] Nachman K. E., Graham J. P., Price L. B., et al. Arsenic: A roadblock to potential animal waste management solutions [J]. Environmental Health Perspectives, 2005, 113 (9): 1123 – 1124.

[253] Nan L. Social capital: Theory and research [M]. New York: Aldine De Gruyter. 2001.

[254] Norwood F. B., Luter R. L., Massey R. E. Asymmetric willingness – to – pay distributions for livestock manure [J]. Journal of Agricultural & Resource Economics, 2005, 30 (3): 431 – 448.

[255] OECD. OECD – FAO Agricultural Outlook [EB/OL], 2019. https://www.oecd – ilibrary.org/agriculture – and – food/data/oecd – agriculture – statistics/oecd – fao – agricultural – outlook – edition – 2019_eed409b4 – en.

[256] Oliva R., Sterman J. D. Cutting corners and working overtime: Quality erosion in the service industry [J]. Management Science, 2001, 47 (7): 894 – 914.

[257] Paudel K. P., Lohr L., Martin N. R. Effect of risk perspective on fertilizer choice by sharecroppers [J]. Agricultural System, 2000, 66 (2): 115 – 128.

[258] Petit J., Werf H. M. G. Perception of the environmental impacts of current and alternative modes of pig production by stakeholder groups [J]. Journal of Environmental Management, 2003, 68 (4): 377-386.

[259] Qin B., Shogren J. F. Social norms, regulation, and environmental risk [J]. Economics Letters, 2015 (129): 22-24.

[260] Rogers E. M. Diffusion of Innovations [M]. Glencoe: Free Press, 1962.

[261] Sáez J. A., Clemente R., Bustamante M. Á., et al. Evaluation of the slurry management strategy and the integration of the composting technology in a pig farm - Agronomical and environmental implications [J]. Journal of Environmental Management, 2017, 192 (1): 57-67.

[262] Saha A., Love H. A., Schwart R. Adoption of emerging technologies under output uncertainty [J]. American Journal of Agricultural Economics, 1994 (11): 836-846.

[263] Samuelson P. A. The Pure Theory of Public Expenditure [J]. The Review of Economics and Statistics, 1954, 36 (4): 387-389.

[264] Schultz P. W., Nolan J. M., Cialdini R. B., et al. The constructive, destructive, and reconstructive power of social norms [J]. Psychological Science, 2007, 18 (5): 429-434.

[265] Schwartz S. H. Normative influences on altruism [J]. Advances in Experimental Social Psychology, 1977 (10): 221-279.

[266] Smith E. G., Card G., Young D. L. Effects of market and regulatory changes on livestock manure management in southern Alberta [J]. Canadian Journal of Agricultural Economics, 2006, 54 (2): 199-213.

[267] Stigler G. J. The Theory of Economic Regulation [J]. The Bell Journal of Economics and Management Science, 1971 (2): 3-21.

[268] Straeten B., Buysse J., Nolte S., et al. Markets of concentration permits: The case of manure policy [J]. Ecological Economics, 2011, 70 (11): 2098-2104.

[269] Sutton A. L., Huber D. M., Jones D. D. Strategies for maximizing the nutrient of animal waste as fertilizer resource [C]. Proceedings of the 6th International Symposium on Agricultural and Fodd Processing Wastes, Chicago, Illinois, 1990, 139-145.

[270] Teklewold H., Kassie M., Shiferaw B. Adoption of multiple sustainable agricultural practices in rural Ethiopia [J]. Journal of Agricultural Economics, 2013, 64 (3): 597-623.

[271] Theriault V., Smale M., Haider H. How Does Gender Affect Sustainable Intensification of Cereal Production in the West African Sahel? Evidence from Burkina Faso [J]. World Development, 2017 (92): 177-191.

[272] Thu C. T. T, Cuong P. H, Hang L. T, et al. Manure management practices on biogas and non-biogas pig farms in developing countries - using livestock farms in Vietnam as an example [J]. Journal of Cleaner Production, 2012 (27): 64-71.

[273] Tietenberg T. H. Economic instruments for environmental regulation [J]. Oxford Review of Economic Policy, 1990, 6 (1): 17-33.

[274] Tufa A. H., Alene A. D., Manda J., et al. The productivity and income effects of adoption of improved soybean varieties and agronomic practices in Malawi [J]. World Development, 2019 (124): 104631.

[275] UNEP IE/PAC. Cleaner production worldwide [BO/E]. United Nations Publication, 1993.

[276] Weber E. P. Pluralism by the Rules: Conflict and Cooperation in Environmental Regulation [M]. DC: Georgetown University Press, 1998.

[277] Willems J., Van Grinsven H. J. M., Jacobsen B. H., et al. Why Danish pig farms have far more land and pigs than Dutch farms? Implications for feed supply, manure recycling and production costs [J]. Agricultural Systems, 2016 (144): 122-132.

[278] Williamson O. E. The new institutional economics: Taking stock, looking ahead [J]. Journal of Economic Literature, 2000, 38 (3): 595-613.

[279] Wossen T., Abdoulaye T., Alene A., et al. Impacts of extension access and cooperative membership on technology adoption and household welfare [J]. Journal of Rural Studies, 2017 (54): 223 -233.

[280] Young H. P. The evolution of social norms [J]. Annual Review of Economics, 2015 (7): 359 -387.